FIGHTING INVISIBLE TIGERS
Stress Management for Teens

战胜看不见的老虎

青少年心理减压自助手册

第 4 版

［美］厄尔·希普（Earl Hipp）◎ 著

田　媛◎译

CTS K 湖南科学技术出版社·长沙

致　敬

谨以此书献给所有曾与看不见的"老虎"

斗争过的年轻人

致 谢
ACKNOWLEDGMENTS

写作只是本书面世的一部分工作。除此之外，它还需要一个"懂书"的出版商、编辑、设计师、印刷工人，以及办公室和仓库人员，他们各司其职，共同努力，才能使这本书成型并呈现在您的手中。我想感谢整个团队的卓越技能和奉献，我们每个人都在帮助年轻人应对压力这件事上扮演着重要的角色。

另外，我要特别感谢以下人员：

朱迪·加尔布雷思，自由精神出版社的所有者兼总裁，感谢她始终如一的初心，不遗余力地向教师和年轻人提供一系列高质量的读物。正是像她这样的人，让我们相信教育系统将来会发生改变，孩子们的潜能都会得到充分发挥。我很荣幸也很自豪能遇见她和自由精神出版社。

布莱恩·法雷—拉茨和玛乔丽·利索夫斯基，谢谢他们在编辑本书时的妙笔生花。谢谢香农·普西欧新颖的设计，为这个新版本带来了惊喜和活力，还要谢谢戴夫·谢泼德的生动插图。跟他们合作是一种馈赠，乐趣无穷。

那些敢于分享生活中的艰难和乐趣时刻的年轻人，他们在这本书中表达的真情实感，将帮助其他孩子在面对他们看不见的"老虎"时感到不那么孤单。

我亲爱的朋友们给予了我莫大的支持和安全感。有了你们，我才更有勇气将自己展现给世界。

感谢我所有的家人，谢谢我的妻子格温对我的无私支持，还有我的两位青年编辑克拉拉和内奥米给我的写作提供了青少年视角。

感谢冥冥之中的一切安排，如此凑巧，让我成为一名作家，让你读到我的这本书。我的幸福无以言表，我会永远心存感激。

译 者 序
TRANSLATOR'S PREFACE

　　青少年正身处一个瞬息万变、充满挑战的时代，他们的内心世界似乎比以往任何时候都更为复杂和易碎。学业、友情、家庭，甚至自我认同的迷茫，构成了他们日常生活中的"隐形重担"。你有没有注意到，很多青少年正在经历一种"情绪饥饿"？他们的情绪像是没有调节好的音量按钮，一会儿高亢，一会儿低沉，似乎很难找到一个恰到好处的平衡点。这一切的背后，常常是压力的积累、焦虑的滋生，甚至对自我价值的深深质疑。

　　作为一名心理学研究者，我总是在思考这样一个问题：我们该如何帮助这些在情绪迷雾中挣扎的青少年，找到一条走向内心平和的道路？在他们的成长过程中，精神压力是那样一只不可忽视的"大老虎"，有时跳出来吓他们一跳，有时又藏得深深的，让人难以察觉。如何让这只"老虎"不再伤害他们的心理健康，甚至化敌为友，成为他们成长过程中的朋友，这正是我翻译这本书的初衷。

　　本书给青少年及其家长、老师提供了一套清晰的压力调节指南。为什么现在必须要做？因为我们身处的时代，比以往任何时候都更需要关注情绪与心理健康。当下青少年面临的诱惑与困扰前所未有，手机里的世界能让他们瞬间从愉悦跌入焦虑的漩涡。网络暴力、学业压力、朋友圈的比较……这些都在悄无声息地侵蚀着他们的情绪。如果没有正确的情绪管理和压力调节能力，这些困惑只会像滚雪球一样，越滚越大。

当然，本书并不是说"情绪是坏的"，或者"你必须压抑自己的感受"。恰恰相反，它教会读者如何接纳情绪的存在，并且学会与它们共舞。它揭示了压力的真相，给出了行之有效的解决办法：如何识别自己的压力？如何调节它们？如何与别人沟通时不让情绪左右我们的行为？这些内容都通过轻松、易懂的语言娓娓道来，仿佛你身边的朋友在给你提供亲切的建议。

更重要的是，这本书教会我们，情绪是我们内心的"信号灯"，告诉我们身体的什么地方出了问题。无论是青少年，还是家长、老师、心理咨询师等成年人，我们都可以学会倾听这些"信号"，并用更加健康、理智的方式去回应。

在我看来，本书的最大亮点不仅仅在于其内容的实用性和可操作性，更在于它通过幽默、智慧的语言，让原本严肃甚至让人焦虑的情绪问题变得有趣且易于接受。它让我们意识到，情绪困扰不是人生的终结，而是我们成长的契机，只要我们学会与压力和平共处，我们就能在风雨中稳步前行。

在这个复杂的时代，青少年的情绪问题需要更多的关注和理解，也需要更科学、实用的解决方案。通过这本书，我希望能够为青少年、家庭成员、教育工作者以及心理健康领域的从业者们，提供一份珍贵的指南，帮助他们在日益复杂且充满压力的世界中，找到一条通往内心平衡的光明道路。

感谢王毅曼、唐丽萍、吉力，以及出版社的李柔女士，为这本书的翻译、整理和出版花费了大量的心血。让我们从今天开始，把压力从一只威胁我们心灵的"大老虎"，变成一位能与我们并肩同行的"朋友"。让青少年能够在这个充满变化和挑战的时代中，拥有一颗强大且能自我调节的心。

田媛

2025 年春

于南湖畔

目 录
CONTENTS

　　你有没有感到过焦虑或压力重重？如果有，你其实并不孤单，我们每个人都会有心烦意乱或不堪重负的时候。

　　一次只面对一个棘手的挑战可能还好，但问题往往接踵而至，比如在短短一周内，你可能需要完成一个大项目、参加几次考试、参与学校的戏剧表演、做兼职，以及处理一堆其他的事情。同时，你可能还需要应对家里可能出现的问题、朋友间的小摩擦和小矛盾，或者网络交往中的各种戏剧性事件。

压力是当你同时面对许多挑战时你所感受到的情绪张力。想象一下，每一个让你感到压力的处境，包括但不限于你遇到的困难任务、人际关系困境、健康问题、网络欺凌，甚至是与别人的意见不合，等等。这些都像一条条橡皮筋紧绷在你的头上。这会非常不舒服，对吗？但情况可能会变得更糟，随着更多压力源的涌现，更多的橡皮筋会叠加上去，直到你的头被完全裹住，你在那个橡皮筋球内部感受到的压力就是我们所说的压力过载。

因为压力来源于生活中的方方面面，所以我们很难知道应该从哪里开始解决问题。当你感受到压力时，你可能会觉得这些焦虑和不适都是正常的，但就是总感觉哪里不对劲，也很难确切地把你的压力描述出来。

压力过载

面对大量的压力，人们可能会感到被逼入绝境。在这种压力下做出正确决定是很困难的，因为人们可能无法冷静地找到解决问题的办法，而是被紧张或愤怒的情绪干扰，导致做出让情况更糟糕的决定。

战胜看不见的"大老虎"

当感到压力重重时，你就好像置身于一片茂密的丛林，周围有许多凶猛、饥饿的隐形"老虎"。你虽然看不到它们，但能感觉到它们在暗处悄悄地窥视着你。

想象一下

你独自一人在一个雾气迷蒙的丛林中，你已经在这里披荆斩棘好几天了，巨大的蚊子一直在叮咬你的皮肤，周围充满了奇怪的声音和难闻的气味，你还会时不时地听到一阵阵深沉、充满威胁的咆哮声，你很担心接下来会发生什么。

现在想象一下你每天都生活在这种恐惧中是什么感受——时刻保持警惕，随时准备做出反应。这就是人在不知道如何处理压力时的感受。时刻保持警惕需要耗费大量的心理能量——无论是警惕真正的老虎，还是以考试、作业、欺凌、友谊破裂或其他压力源形式出现的看不见的"老虎"。不断担心未知的事情不仅令人耗竭，还会让你身心俱疲。

压力问题，非同小可

长时间的高压力水平会带来严重的影响。你的身体会感到疼痛而且更容易生病，它还会影响你在学校和其他活动中的表现，甚至可能导致你的人际关系破裂。此外，压力还会影响你的情绪，你可能会感到愤怒、悲伤、孤独或沮丧。

遗憾的是，你无法将生活中的压力完全消除——总会有那些令你感到不适、失落或困惑的时刻。但值得庆幸的是，你可以深入了解关于压力的知识，并学习如何以积极的方式应对这些挑战和艰难时刻。在面对这些看不见的"老虎"时，你可以学会如何勇敢地应对和战胜它们。

本书如何帮助你

这本书的目标是帮助你保持健康的身心状态去应对挑战，同时增强自我价值感，充分发挥你的潜力。书中提供了很多实用的"干货"，能让你真正理解压力，并以积极的方式来应对它：

"关于精神压力：看不见的'老虎'的真面目"这个章节介绍了压

力的概念及其对身体和情绪的影响。你将了解到人们应对压力的错误方式，并认识到短期压力应对策略与真正的压力管理之间的区别。

在"11种驯'虎'技巧"中，你将学习到管理压力的有效技巧——这些实用技巧可以立刻帮助你缓解当前的压力，并为未来的挑战做准备。特别是在"管理数字老虎"这一章节中，提供了应对来自数字世界压力源的策略——解决因长时间上网而产生的问题。

最后，"'虎'口逃生急救法"提供了很多有用的建议，帮助你在濒临崩溃时自救。如果你现在感到烦躁或不知所措，可以看看这部分的内容。

阅读这本书不会让你一夜之间成为驯"虎"专家，但是练习书中描述的许多压力管理技巧可以帮助你让那些看不见的"老虎"变得更弱小、更温顺。我真诚地希望，通过掌握管理压力的技巧，你的身心能以更加开放的姿态迎接即将到来的机遇和欢乐。

为你的这段探险旅程献上我最美好的祝福。

艾尔·希普

第 一 章

关于精神压力：
看不见的"老虎"的真面目

　　虽然压力看似现代社会的产物，但它实际上已经存在了数百万年。即使在穴居时代，人们也在努力应对那些把生活变得复杂、困难和可怕的问题，比如点不着火、恶劣的天气、变质的肉、潮湿的洞穴、不守规矩的邻居、脾气暴躁的家人等，甚至连活下去都是个问题。但对穴居人类来说，最严重的压力源是那些将他们视为美味的野兽。

🐯 "战斗、逃跑或木僵"反应 ⋯⋯⋯⋯⋯⋯⋯⋯

例如，在一个晴朗的日子里，一只饥肠辘辘的巨型剑齿虎可能会突然扑向住在洞穴里的人类。老虎可不会给人留时间，这些早期的人类学会了立即做出反应：要么攻击这只"大猫"；要么跑到安全的地方。这需要一个

"战斗、逃跑或木僵"反应的力量

"战斗、逃跑或木僵"反应是如此敏感，以至于仅仅想到饥饿的老虎或任何其他可怕的事物就可能让你的身体激活并立即做出反应。

精细调节的神经系统，它能激活我们现在所说的"战斗、逃跑或木僵"反应。经过数百万年的演化，熟练掌握战斗、逃跑或木僵技能的人得以存活下来，在篝火旁讲述他们的故事，至于其他人⋯⋯这么说吧，他们当天没能赶回家吃晚饭⋯⋯

虽然我们大多数人永远不需要面对真正的老虎，但我们所生活的世界却和洞穴居民当时经历的世界一样充满威胁，有很多情况都会让我们感到不安或深受威胁。

想想以下的情形，你觉得熟悉吗？

环境正在被破坏，50 年后我们还有地方居住吗？

自从我们搬家到这里，我就一直没交到新朋友。

我的手机丢了，里面有我所有联系人的信息。

我的生活简直就是一出大戏。贾斯汀讨厌我，玛丽亚说我插足了她的感情。

有人在我家附近被捅伤了，我不敢一个人在街上走了。

我太胖了，班上所有人都不爱理我。

学校里有个人把我当成他的出气筒。

我不知道毕业后要做什么。

下周我有一个重要的考试，考试成绩占我生物总成绩的一半。

当我在电视上看到有人还在挨饿时，我很难过。

我爸妈大吵了一架，妈妈就搬出去了。

这些挑战的难度不一。但问题是，只要面对让你感到担心或受到威胁的事情，即使你只是想到它，你的身体仍然会像面对饥饿的老虎一样做出应激反应。一有麻烦出现的蛛丝马迹，警报就会响起，你的身体就会立即做好战斗、逃跑或变得僵硬的准备。

在高度紧张的时候，"战斗、逃跑或木僵"反应会导致你身体产生诸多生理变化，并且它们是同步发生的，如果你不明白发生了什么，你可能会觉得自己得了很严重的疾病。

"战斗、逃跑或木僵"反应的表现

以下是你的身体应对生活中重大压力事件可能产生的一些反应：

• **心怦怦跳**。身体需要迅速获得尽可能多的富含氧气的血液，所以你的心脏会跳动得更加用力以加快泵血。你的呼吸也会随之加快，以便提供更多的氧气。

• **手脚变凉**。你的手和脚上的毛细血管会收缩，迫使血液流向大脑，以保持警觉，同时流向用于奔跑和搏斗的大肌肉。

• **脸部发热**。你的颈动脉会扩张，让更多的血液流入大脑，脸颊和耳朵会变成粉红色。你可能会觉得脑袋胀痛或者脸上烫烫的。

• **口干舌燥，肠胃不适**。你的身体在经历"战斗、逃跑或木僵"反应时，消化系统会停止工作，以便把血液提供给奔跑和战斗的肌肉使用，你的胃会感到刺痛或翻江倒海。

• **烦躁不安**。你的腺体器官会产生肾上腺素等化学物质，帮助你变得更加警觉、专注，并准备好快速行动。你会感到焦躁不安或不耐烦，有时会不自觉地抖腿。

● **手心出汗。** 预料到奔跑和搏斗会产生额外的热量，你的身体会打开它的生态控制系统让你出汗，汗液的蒸发可以产生冷却效果。

● **大脑一片空白。** 当逃跑（远离问题）或战斗以求生存都不可能时，你可能会在身体上、心理上甚至情感上变得无法动弹。这种反应被称为解离，它在任何人身上都有可能发生。当我们无法应对所面临的挑战时，我们的大脑就会"宕机"，与当前情境脱节，就像我们在装死，希望危险能够自行过去一样。

要记住，以上所有反应都是人类在遇到大老虎、重大的压力事件或超出承受能力的压力源时的正常反应。当面对重大威胁时，没有人能对这些身体和情绪反应免疫。

压力影响你的大脑

压力不仅会引起你的身体变化，还会导致你的大脑短路。当你感受到压力重重时，压力导致的激素变化会使你大脑中负责决策的部分暂时离线。那么，这意味着什么呢？当你有压力时，你更有可能感到困惑迷茫，做出错误的决定，变得惊慌失措，或者显得无动于衷，这些都会让情况变得更糟。青少年尤其容易受到这一过程的影响，因为他们的大脑在青春期正在快速发展和变化。

压力影响你的情绪

当你的身体充满着压力带来的激素，就会引起各种不适，你的大脑正飞速运转以试图弄清楚下一步该做什么时，你的情绪可能会处于应激状态并感到越来越焦虑。如果已经达到了承受的极限，你很可能会感到深深的恐惧、绝望、悲伤、烦躁、困惑或迷茫。

🦓 短期压力和长期压力 ·····················

"战斗、逃跑或木僵"反应会让你感到筋疲力尽，因为无论是与真实的老虎还是与想象中的老虎搏斗，都是一种全身心的情感体验。所幸高压通常不会持续很长时间，在压力事件带来的直接威胁过去后，身体会逐渐平静下来，经过一段时间的休息，之后恢复正常。这样的事件引起的压力被称为短期压力。

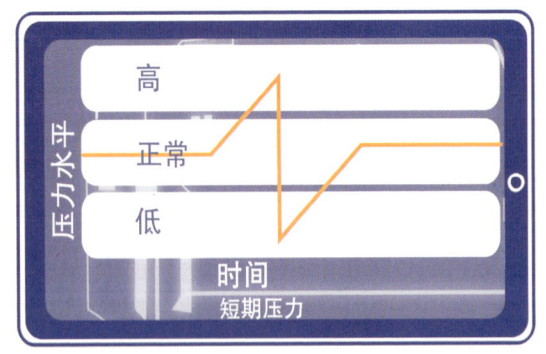

短期压力通常会很快过去，而且不会产生持久的影响。但是，如果

你的日常生活中让你觉得有压力的事情非常多，好像到处都是大大小小的看不见的"老虎"，而且似乎永远不会消失，那又该如何应对呢？

　　如果你长期处于高负荷状态，你的身心没有时间在压力事件之后获得休息和恢复，这样的状态被称为长期压力。因为生活还要继续，你需要适应越来越高的压力水平。你可能认为自己可以应付它们，但实际上这种状态已经很不健康了。这就是为什么长期处于压力状态会如此有害——人们没有意识到它对身体、精神和情感造成的伤害。然后，有一天，他们突然达到了承受的极限，于是就此崩溃了。

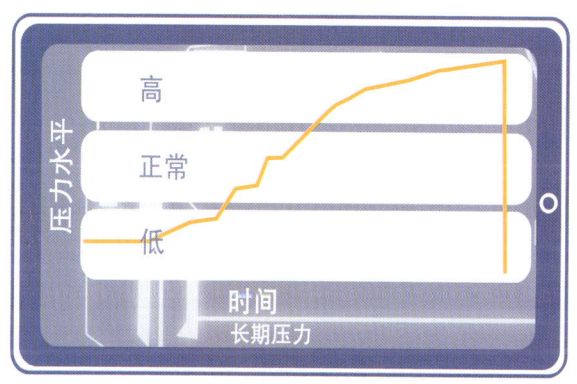

　　压力大的人通常想试图掌控一切，即使他们感到正被看不见的"老虎"紧紧追逐。但随着时间的推移，持续的高压会突然变得让人难以承受。你会更努力地应对面临的所有挑战，而不知不觉中，你的体力逐渐衰退，思维变得不清晰，原本的优势正慢慢消失。这就像一直用斧头砍木头，却从不抽时间来磨刀，或者用越来越慢的网速来浏览视频。最终，原本容易的事情变得更加困难。

压力和青春痘

虽然压力带来的影响有很多是相当严重的，但也不乏一些小麻烦。例如，有研究者认为压力和青春痘之间存在联系，研究表明，生活在高压中的青少年痤疮恶化的概率比普通青少年高出 23%。显然，当你压力大时，你的皮肤能感知到，并以青春痘的愤怒爆发作为回应。

寻求帮助！

如果你感觉自己快崩溃了，那么很有必要马上和你信任的人谈谈，比如父母、老师或朋友，他们可能会为你打开新世界的大门。请阅读"'虎'口逃生急救法"一节，了解更多当你濒临崩溃时的正确做法。

应对策略

生活中充满了各种需要处理的情况——家庭责任、学业、探索自我、友谊，还有许多随时可能出现的意想不到的压力源。那么你该如何应对呢？什么是"应对"？

"应对"是处理压力带来负面情绪的短期方法。应对行为并不能解决引起压力的问题，但它们可以暂时缓解你的焦虑情绪。大多数应对行为本身并无不妥，比如看电视或小睡一会儿，只要这些活动无害且有度。

人们用来应对压力的短期方法有哪些？有三种基本方法：分散注意力、回避和逃避。

1.分散注意力，或者说我稍后再处理这个问题。

"当我需要喘口气时，我会去骑自行车。"
——萨拉，12 岁

"在疲惫的一天结束时，我喜欢刷刷朋友圈、看看短视频，这对我来说很减压。" ——马里奥，14 岁

分散注意力是最常见的应对方式，上网、阅读、吃东西或玩游戏等任何让你暂时远离压力源的活动都可以。分散注意力对于短期放松来说是有好处的，甚至可以提高效率。例如，在学习疲劳时休息一下，吃点零食，再次投入学习时注意力会更集中。但是，过多的休息，比如发短信给朋友或上网聊天，不仅会让你无法完成任务，反而还会增加你的压力。

13

分散注意力可以帮助你暂时摆脱压力，但你越是用这些方法来拖延，你试图逃避的压力就会越来越大。这时，人们通常会进入下一个应对阶段——回避。

2.回避，或者说我可能会在某个时候处理它。

"我和我的朋友都酷爱打篮球，我们可以打通宵。"
——夸梅，13岁

"我承认当我不想做某件事时，我就会上网。这很奇怪，因为我似乎忘记了时间的流逝。有时我看一眼钟表，就发现几个小时过去了。"
——布里，14岁

回避可以看作分散注意力的极端行为，比如把看一会儿电视变成了每晚连续看上几个小时。当一个简单的活动开始占用你越来越多的时间和精力，让你推迟处理不想做的事情时，这将导致恶性循环。到那个时候，原本用来分散注意力的事情几乎占据了你的生活。例如，和朋友们出去玩是很好的，可以有效减压。但是，如果你是为了回避家里或学校的困难，不分昼夜、线上线下地与朋友待在一起，这种回避模式就会产生更大的压力，导致更坏的结果。

• 过于进取。一些严重的回避行为可能看起来是积极的。例如，被一些深层次问题困扰的人可能会十分积极地投入其他活动，并极力克服自己的负面情绪。他们可能在课堂上表现出色，也许是运动场上的明星，并且或许活跃在许多学校社团。这些人可能看起来非常完美，但他们参加这些活动都是为了逃避问题。

- 过于进取的人通常没有时间、精力或意识来解决压力的根源。这很快就会变成一个恶性循环，这样的人越忙碌，他可能感觉就越糟。感觉越糟，他就越想让自己忙起来。这样周而复始，形成一个向下的螺旋，陷入越来越深的疲惫和孤立的深渊。恶性循环接踵而至，愈演愈烈。由于深陷其中的人专注于努力保持一切正常，他们不会注意到情况正在逐渐恶化。

- 拖延。拖延是很多人都有的问题，不管是普通人还是那些聪明、积极、成功的人，他们都可能时不时地把那些无聊或困难的任务往后拖。偶尔拖延一下，可能还可以应付，只是要熬夜赶一下进度。但是，如果持续把拖延作为一种回避策略，就可能形成一个恶性循环：要做的事情堆积如山，而你会想出更极端的办法来逃避这一切；不久之后，你就会因为错过截止日期、找不到合适的借口和分不清事情的轻重缓急而感到压力巨大。

- 当你面对生活中最头疼的问题总是拖延时，这就很危险了。比如棘手的家庭问题，破裂的人际关系，或者学校里的困境。如果总是拖着不去处理这些糟糕的问题或者情绪，你会发现自己长期处于高度焦

压力和疾病

　　装病可能会弄假成真，并使自己陷入由压力引起的健康问题的恶性循环，比如头痛、消化问题、过敏、肌肉疼痛、高血压、饮食功能失调、慢性疲劳和抑郁症等。

虑或困惑之中。最终，你可能会感到恐慌或孤立无援，直到内心崩溃。这就像在慢慢地摇晃一罐汽水，从表面上看不出什么异常，然而一旦你拉开拉环，伴随着"砰"的一声响，内部压力瞬间释放，汽水猛地喷溅出来，弄得一片狼籍。

* **生病**。另一种回避策略是用生病来回避生活中的困难。许多学生从小就知道，生病是一个很好的不上学的理由。"生病"了躺在床上看看电视放松一下，这不是很好吗？虽然这个方法看上去挺诱人，但用生病来逃避困境是一种冒险的做法。

例如，学生逃避上学的一个主要原因是害怕他们会受到别人的伤害、取笑或骚扰。在许多学校，霸凌是一个严重的问题，但这并不能成为你不上学的理由。即使最好的方法是勇敢反抗，但你可能很难去面对那些发短信辱骂你的人，或者把你的头塞进储物柜的同学。还有其他的办法吗？为了躲避这些在家装病？你每逃一次课，功课就落下一点。与此同时，你压力的主要来源——在学校被霸凌这件事不仅没有得到解决，反而让你更紧张。

* **贪睡**。周一早上想睡懒觉或者偶尔打个盹是很正常的。大多数青少年每晚都睡不到身体所需的 9 到 10 小时，所以多睡一会儿是件好事。但是，如果你躺在床上是为了躲避压力，这就是个问题了。

每晚睡 12 小时或者整个周末都赖在床上是不健康的，因为你睡得越多，你的问题就会变得越严重。睡觉并不能解决你面临的问题，当你醒来的时候，问题还在那里。当你面临的挑战变得越来越严峻时，你可能想要睡得更多，直到压力大到让你真的起不来床。

● **独处**。当你的压力越来越大，你感到"老虎"正在步步逼近，想要撤退到一个让你有安全感的地方很正常。暂时从喧嚣中抽身，给自己一个喘息的空间，无疑大有裨益。但是，当你关上心门再也不想出来的时候，那么原本应该具有治愈和休息作用的抽离，就可能变成危险的孤立状态。即使你没有在自己的房间，你也可以通过忽视别人、不出现在大家身边或者拒绝参与任何活动而将别人拒之门外。如果一小段时间的独处变成了一直独处，你可能会陷入与世隔绝的恶性循环之中。

当你把独处作为一种躲避隐形"老虎"的方式时，你就会失去在应对困难时每个人都需要的那份支持和客观判断。当你独自一人沉浸在自己的思绪中时，消极或破坏性的思维会毁坏你的自尊，并让你感到绝望或沮丧。

3.逃避，或者说我永远不想处理它。

> "几年前，在危急时刻，我犯了一个严重的错误。我现在被关在少年拘留所，我想念在家的日子。"
> ——博比，15岁

> "有时候我真希望我能放弃学业，放弃生活，放弃一切。"
> ——查姆，14岁

当你达到了应对极限，处于失控边缘时，逃避行为就会发生。你已经尽了最大的努力，动用了所有资源来应对你面临的挑战，但这还是不够。你很害怕，不知所措，也许还因为无法应对而感到尴尬，你觉得唯一能做的就是离开。任何逃避行为都表明你已经迷失了方向，你应该立即寻求帮助。

当你感到不堪重负、绝望，甚至崩溃时，逃避似乎成了唯一的出路。但逃避现实的行为总是把你的生活搞得一团糟，且并不能解决根本问题。逃避行为还会引发堆积如山的额外问题，这些问题可能会困扰你很多年，甚至影响你的余生。

依赖其他活动来逃避压力，就像是用一根手指去堵大坝的缺口。这种方法可能暂时奏效，但随着大坝背后压力的增加，新的漏洞又会一个接一个地出现。最终，你会发现手指不够用。虽然这些应对方法短期内能起点作用，但它们终究替代不了你在下一章节要学到的压力管理技巧。现在，让我们来看看关于压力的一些误区，并就这个话题做个总结。

严重的逃避现实行为

- 逃学或辍学
- 离家出走
- 酒精或药物成瘾
- 贪食、性瘾、嗜赌或网瘾
- 沉迷学术、体育和其他活动
- 伤害他人
- 说谎成性
- 自伤或自杀

寻求帮助！

如果你正在逃避或者想要逃避，可以找一个你信任的人谈谈。记住：当你面临的困难超出你的能力范围时，寻求帮助并不是软弱的表现。相反，它是个人力量的体现，表明你有改善现状的勇气。你可以这么说："我在生活中遇到了点麻烦，我可以跟你谈谈我的感受吗？"请翻阅"'虎'口逃生急救法"，了解更多寻求帮助的方法。

关于压力的 10 个误区和精神压力的终极真相

事实上，一些关于压力的误区会让你更难应对挑战。相信以下任何一个误区都会让那些看不见的"老虎"一步步逼近你。

关于压力的 10 个误区

误区一：我一定是疯了，才会有这样的想法和感受。你并没有疯。压力会导致你产生可怕的想法和不舒服的感受。这并不意味着你有什么问题，只是你的生活充满了挑战，而你仍在学习如何应对这些压力。

误区二：我需要独自处理这些恐惧和问题，如果我寻求帮助，就证明我不够聪明或不够优秀。实际上，情况恰恰相反。独自应对困难情况通常会导致问题变得更加严重。在需要的时候寻求帮助，才是保持健康、发挥最佳状态的明智之举。

19

误区三：没有人会理解我的感受。的确，你生活中的一些重要人物可能不完全理解你的担忧或不知道如何帮助你，但总有人会的。如果一个人不把你当回事，那就去找其他人，总有人愿意帮助你。

误区四：我可以通过思考来摆脱不良情绪。很遗憾，事实并非如此。情感是非理性的，这意味着再多的思考也无法帮你改变它们。当我们想到压力情境时，我们通常会担心。担心并不能解决问题，只会让你感觉更糟。担忧就像一首不断循环播放的歌曲，让你不断纠缠于可能发生的坏事上，无休止地预演你的恐惧，很快就会让你精疲力竭。

误区五：如果我保持忙碌，我会自我感觉更好。保持忙碌可以帮助你避免纠结于一些小烦恼，但是那些造成你生活中主要压力的大问题并不会消失，除非你以一种建设性的方式面对和处理它们。事实上，过度忙碌可能会导致恶性循环，并且随着时间的推移逐渐让你感觉更糟。

误区六：如果我能熬过今天，明天一定会更好。可能会，也可能不会。随着时间的推移，你的困扰可能会看起来减轻了，但回避问题作为长期解决方案会导致情况变得更糟。每天生活在压力中也会让你的精力和敏锐度下降，难以应对当前的挑战。最好的策略是，一旦你意识到负面情绪，就立即处理它们。

误区七：我应该能独自解决问题。谁说的？身处重重压力的人往往最不知道应该怎么办。试图独自解决问题，你就会失去从他人那里获取知识、经验和支持的机会。这就是要向咨询师、家庭成员、朋友或值得信赖的他人寻求帮助的原因，他们提供的外部视角会对你很有好处。

误区八：生活太艰难了。生活中确实有许多艰难的时刻，但如果不用娱乐、休息和放松的方式来平衡这些压力，艰难的时光只会变得更加困难。你应该拥有良好的自我感觉和对生活的积极心态。

误区九：我只需要一个人静一会儿。独处有时候确实有帮助，但如果你应对生活中的重大压力时只靠自己，不与任何人交流，那么你很快就会与现实及你的支持系统脱节。

误区十：我没有时间去尝试或练习压力管理技巧。压力管理的基础与你每天都在做的事情有关，比如好好吃饭，锻炼和休息，玩得开心。学习一些驯"虎"技巧，比如时间管理、放松、正念练习和目标设定，可以提高你的生活质量。

现在，我来告诉你关于精神压力的终极真相……

世界上没有精神压力。

没错，世界上并不存在压力。感到惊讶吗？仔细想想。如果你想寻找压力，你会去哪里找？洛杉矶？戈壁沙漠？谷歌搜索？你的书包？中国成都？压力根本就不存在于"外部世界"。

压力是在人的内部产生的——在你的内心。它是你对自己的过往经历和正在面临的挑战的认知和感受。为了更好地理解这一点，想象一下你自己处于以下两种情况：

1. 你在动物园玩得很开心，突然一位工作人员请你帮忙喂老虎，尽管你没有任何训练动物的经验。你看着老虎，老虎看着你（把你当午

21

餐！）。不知怎么的，你对帮忙喂老虎这件事不怎么感兴趣。

2. 你在动物园里自顾自地游玩时，有人请你帮忙喂老虎。幸运的是，你刚以优异的成绩从动物饲养员学校毕业。你拥有完成这项工作所需的所有技能和专业知识，因此你自信地走进了老虎园区。

在以上两个情境中，老虎都是一样的，不同的是你如何看待它们，这取决于你所具备的技能。例如，一场你没有准备的考试可能会让你感到焦虑。但同一场考试，经过充分的准备，你会觉得是小菜一碟。生活中的压力情境也是如此，拥有适当的技能可以使你在压力过载和享受生活之间找到平衡。下一章节将介绍一些非常重要的驯"虎"技巧。

第二章

11 种驯"虎"技巧

听音乐、逛商场、打篮球和其他应对压力的活动可以让你暂时忘记烦恼，但当歌曲结束或你回到家时，你面临的所有压力和挑战仍然存在。而压力管理技巧则不同，它们将帮助你变得更加踏实、自信，增强你的抗压能力，并为你提供日后处理压力的工具。那么，压力管理技巧有哪些呢？这一章节将介绍一系列经过实践检验的驯"虎"技巧。

1 **运动起来**
通过体育运动来减轻压力的建议——第 26 页。

2 **用食物对抗压力**
能让你找到最佳状态的营养搭配建议——第 32 页。

3 **寻找你内心的平静**
有益身心的放松技巧——第 40 页。

4 **为自己发声**
勇敢表达的技巧可以帮助你减轻压力——第 56 页。

5 **编织一张获得支持的"安全网"**
与朋友、家人建立稳固联系的建议——第 65 页。

6 **掌控你的生活**
如何设定目标并努力让梦想成真——第 75 页。

7 让时间成为你的盟友
使用时间管理技巧来释放压力——第 84 页。

8 大胆尝试新事物
挑战自我并寻找不断前进的方法——第 94 页。

9 考虑周全，明智决策
学习如何做出适合自己的决定——第 103 页。

10 选择积极的视角
学习如何看到自己和周围世界的积极面——第 111 页。

11 管理"数字老虎"
如何充分享受科技带来的便利，同时避免被虚拟世界吞噬——第 118 页。

　　这些技巧中，有些你可能已经在使用，有些你可能还不太熟悉。本章将为你提供机会去尝试所有的技巧，并找到那些最适合你的。

运动起来

"有时候，当弟弟们打架和吵架时，哪怕在下雨，我都会一个人出去散步让自己冷静下来，那样我会感觉好很多。"

——贾米勒，13 岁

"锻炼后，我感觉自己有了更多的能量去应对任何事。如果我哪天没有进行常规锻炼，我会感觉无精打采，做事也力不从心。"

——卡尔娜，14 岁

"运动是我宣泄情绪的方式，没有它们我简直无法生活。"

——瑞贝卡，16 岁

"我喜欢去我家附近的拳击馆。当我情绪非常差的时候，打二十分钟重沙袋是一种完美的发泄方式。"

——奥库恩，16 岁

"当开始感到紧张时，我就会去游泳。每次跳进游泳池，我就能摆脱大脑中的负面杂念，我的思维会变得更加清晰。"

——凯文，15 岁

有规律的体育锻炼是管理压力的好方法之一 。特别是在压力很大的时候，你的身体充满了应激激素，随时准备做出"战斗、逃跑或木僵"反应。这时，几乎任何形式的身体活动都会帮助你消耗掉一些皮质醇和其他应激化学物质。如果你在这些时刻不活动起来，你可能会感到紧张不安、烦躁不适，甚至生病。

体育运动的益处

规律的体育活动对健康的积极影响并不仅限于缓解你体内压力产生的激素。运动还会产生内啡肽等其他激素，这些激素会让你感觉良好。只要让你的身体动起来，你就会感觉更平和，心情更好。这就是为什么在辛苦了一天之后，做些体育运动可以帮助你放慢节奏、放松身心，并且睡得更好。

体育活动对你的健康也有巨大的影响。事实上，经常运动可以改变你整个身体的化学成分。当你的健康水平提高时，你的身体会更好地将卡路里转化为能量，这意味着你的身体储存的脂肪更少，并且能吸收食物中更多的能量。最终结果是，你不会感觉那么饿，吃得也会更少，并且自然而然地会选择吃更健康的食物。

当你运动时，你的心脏、肺、肌肉和身体的其他重要部位也会变得更强壮和更高效。研究表明，定期的体育锻炼会延年益寿。经过一段时间，你会感觉锻炼身体的好处很多，自尊和对生活的掌控感都会得到提高。

体育运动的 FIT 公式

怎样确定自己已经充分运动了？你可以制订一个个性化的运动计划，比如使用 FIT 公式，它可以帮助你建立一个适合自己的体育锻炼计划。

FIT 公式

F（Frequency）代表频率，即每周运动的次数。

I（Intensity）代表运动的强度。

T（Time）代表时间，即运动持续了多长时间。

频率

在美国，联邦政府建议每周的多数日子里，人们都应至少锻炼一小时，最好每天锻炼一次。其实你并不一定要选择一个苦差事来作为你的锻炼项目，任何能让你动起来的事情都可以。比如，专心玩一个黄色弹力球这种并不是很激烈的运动。如果玩弹力球不是你的菜，那么走路、游泳、跳舞、滑板、骑自行车、投篮、扔飞盘，或做任何其他容易养成习惯的活动都可以。

强度

你可能会想要跑得更快、走得更远，与他人竞争，或者通过不断超越以往的成绩来与自己竞争。想要表现出色是可以的，但是把自己逼得太紧会导致疲劳或受伤。对健身的过度追求会成为你生活中的另一个压力来源。如果你总是过度运动，它会变成一件令人不愉快的苦差事。

避免过度劳累或伤害自己的最佳方法是找到适合自己的强度水平。有一个容易记住的经验法则：如果你在锻炼时能够进行对话，那么你正处于一个合适的强度水平。邀请一个朋友和你一起锻炼是监控运动强度并保持动力的绝佳方法。

更科学地衡量运动强度的方法是在运动时监测目标心率。理想的目标心率是你在进行运动时，能够从中获得最大健身效果和减压效益的特定心率。与普遍的观点不同，运动强度并非越大越好。你可以用下面的公式计算出你的目标心率：

公式的第一部分（220-你的年龄）× 0.7 用来确定你每分钟的目标心率。用这个数字除以 6，得到你每 10 秒的

目标心率公式

（220- 你的年龄） × 0.7 ÷ 6=你每 10 秒的目标心率

目标心率。测量脉搏时，你只需计数 10 秒钟。10 秒以后，一个健康的心脏已开始回归到它正常的静息心率了。

想了解你是否接近目标心率，就进行大约 20 分钟的体育运动，然后在手腕处或颈动脉处测量你的脉搏。用表记录 10 秒钟内的脉搏次数，看看你是否在目标区域内，或者离你的目标心率差多少。

- 如果你的心率高于目标心率或者你感觉喘不过气来，那你可能把自己逼得太紧了。下次锻炼的时候试着放慢速度。

- 如果你的心率低于目标心率，那么你的运动强度可能太小了。为了获得最好的锻炼效果，你可以尝试提高运动速度，然后再看看你的心率是否接近目标心率。

- 如果你达到或接近你的目标心率，那么你已经找到了运动期间该保持的适当强度水平。

以自己舒适的强度进行运动将帮助你更好地坚持下去，并避免受

伤。在舒适的强度水平下进行运动，会让你达到所期待的愉悦、放松的状态。

动力

想找点儿动力运动起来吗？试试运动应用程序吧。有很多免费的应用程序可以帮助你记录活动、追踪进度，并教你保持身材的一些新方法（比如瑜伽）。很多应用程序还会提醒你什么时候该运动了。

时间

要想最大程度地从运动中获益，需要让你的心率保持或接近目标心率，并至少持续运动 20~30 分钟，不要"先紧后松"。不要忘了在运动前花几分钟进行拉伸热身，在运动后进行放松，这样才能保持身体灵活性，避免受伤。

如果你不确定怎样开始你的运动计划，你可以从健身教练那里寻求一些启发和指导，也可以去咨询一下你的医生。

深入探索

- 什么是内啡肽和内源性大麻素？
- 锻炼时我的目标心率是多少？
- 有哪些最适合青少年的健身应用程序？

31

用食物对抗压力

"我从四年级开始就超重，直到参加了一个营养项目，我开始变得越来越健康了。"　——马科斯，13 岁

"我以前总觉得自己没有时间去吃正餐和健康的小吃，自从我习惯了吃健康的食品，我感觉越来越好了。我不会再有以前那种想法了。"　——连吉，15 岁

"虽然知道这样不好，但我早上需要咖啡因和糖分的刺激来开启新的一天。"　——奥马尔，14 岁

"虽然找到健康的食物不易，但是这份额外的努力很值得。好的食物让我的身体保持健康，也让我能更好地集中注意力。"　——蕾扬娜，16 岁

如果你想成为一个精力充沛、积极向上、能够应对压力的人，那么你就要给自己的身体"加油"。吃各种各样的健康食品，比如水果、蔬菜和全谷物，它们可以给你提供维生素、矿物质、蛋白质和其他身体所需的营养物质，让你的身体机能处于最佳状态。生活中常见的一些食物，有时恰恰是那些最容易找到的食物其实对你的健康并无益处。不良的饮食习惯会导致糖尿病和肥胖症，让你感到压力倍增。

为什么健康饮食如此重要

你吃的食物会影响身体中的每一个细胞，从伤口愈合的方式，到你

集中注意力的程度，每一种身体行为都依赖于这些细胞的表现。

新鲜水果和蔬菜

新鲜果蔬比加工食品对你更有益。大多数加工后的果蔬食品，例如果汁和薯片，只含有少量天然原料，却通常含有大量脂肪、糖分和人工添加剂。

例如，大脑中的1000亿个细胞依靠蛋白质和维生素来进行交流和协同工作，饮食中的这些物质和其他营养物质的含量会影响你在压力测试中集中注意力的程度，健康食物也能给你提供在执行高水平表现中所需的能量。归根结底，你的细胞能够区分什么是健康食品，什么是垃圾食品，如果你不正确对待它们，你就无法发挥最佳状态。

青少年每天的能量需求通常为2200~2800卡路里，包括大量的钙、蛋白质、铁和其他保持健康所需的重要营养物质。生长发育高峰期会影响你所需卡路里的量，建议在定期体检时和医生讨论一下你的饮食情况。

不良饮食习惯

虽然蔬菜、水果和其他健康食品可以提高身体的抗压能力，帮助你在困难情况下更清晰地思考，但你吃的其他东西还是可能降低身体在压力下的机能。因此，要多吃健康食品，同时要尽可能少吃不健康的食品。

咖啡因

咖啡因是一种常见物质，存在于咖啡、茶、苏打水、能量饮料和许多其他饮料中，还可能"隐藏"在一些食品中，比如巧克力和冰激凌，甚至阿司匹林、感冒胶囊、止咳糖浆和其他非处方药中。

咖啡因对压力过大、疲惫不堪的人来说，有一种人为的、暂时的提神效果。它有点像是能量，但与你从美食或体育锻炼中获得的那种能量截然不同。它就像改善情绪的药物一样，让你快速"提神"，产生一种自我感觉良好的错觉。

为什么咖啡因会成为一种问题？因为它会引起一种类似于"战斗或逃跑"的生理反应。咖啡因会导致你的身体释放更多的压力激素皮质醇——咖啡因的激增会导致你感受到的压力激增。少量咖啡因确实有助于你保持较好的精神状态，但它很容易过量，非但不能帮助你保持最佳状态，反而会让你感到焦虑不安、更加担忧，时刻都得提防看不见的"大老虎"。

过量摄入咖啡因的副作用与压力超负荷的症状非常相似。因

咖啡因可能产生的副作用

- 情绪化
- 不安
- 紧张
- 易怒
- 发抖
- 失眠或做噩梦
- 手脚出汗
- 心跳不规律
- 紧张或胃部不适
- 肠胃功能紊乱
- 惊恐发作（在没有任何预兆或任何明显原因的情况下，突然产生强烈的焦虑感）

此，摄入咖啡因就像是在小剂量地摄入恐惧，如果过量，你会感觉自己被看不见的"大老虎"包围。糟糕的是，咖啡因也会让人上瘾，跟其他让人上瘾的东西一样，你用得越多，产生同样效果所需的剂量也就越大。当你开始戒除或减少咖啡因时，可能会出现一些严重的戒断症状，比如剧烈头痛等。如果你感觉自己需要提神，又不想摄入咖啡因，你可能会不自觉地被其他不健康的食物所吸引。

糖

和咖啡因一样，糖在我们的饮食中也非常普遍，但它经常被忽略，因为它可能会以许多不同的名称出现，包括葡萄糖、蔗糖、果糖和玉米糖浆等。这些糖和其他加工过的糖一样，化学性很强，你的身体会迅速将它们吸收到血液中，导致血糖升高，肾上腺素水平也随之升高，你会感到精神饱满。大约一小时后，效果逐渐消失，此时你感到能量耗尽。因此，大剂量的糖分摄入会让你产生情绪波动，你一会儿感觉精神振奋，一会儿感觉精疲力竭或暴躁易怒。

这种能量的起伏循环是怎么造成的？简单来说，就是血糖水平的突然提高让你的胰腺措手不及。通常，胰腺是一个平静而稳定的器官，维持着血液中正常的糖分水平。你可以想象突然之间——砰！——大剂量的糖分如潮水般涌入，瞬间触发了身体的警报，带来一阵强烈的兴奋感。当你享受由糖分带来的能量高峰时，你的胰腺立刻高速运转，分泌胰岛素来吸收多余的糖分，并将它们运送到肝脏。

然而，有时候你的胰腺会分泌过多的胰岛素，导致血糖过度下降，让你重新陷入昏昏欲睡的状态，感到疲倦或烦躁。很快，走廊尽头的自动售货机似乎在向你发出召唤，如果你禁不住诱惑，买了含糖饮料或糖果，你会发现自己像是被绑在"糖果过山车"上一样，时而精神振奋，时而萎靡不振，周而复始。问题是，每一次的低谷都比上一次更深，到了一天结束时，你会感到筋疲力尽。

当"糖果过山车"让你感觉萎靡不振时，喝点含咖啡因的饮料似乎挺不错。但是，大量摄入糖和咖啡因可能会导致疲惫和思维混乱。一种化学物质（糖）先是让你精神振奋，随后却让你陷入轻微的抑郁状态；另一种物质（咖啡因）则通过人造能量让你保持精神，同时可能会引起头痛，并放大恐惧感。虽然适量的咖啡因和糖分一般不会造成严重的健康问题，但减少它们的摄入量确实有助于你更好地应对压力。

糖分依赖

- 美国人平均每年摄入约 102 千克的糖。

- 糖没有维生素、矿物质或营养价值。

- 多余的糖分会以脂肪的形式储存于体内。

- 一罐普通苏打水的含糖量相当于半袋白砂糖。

- 美国人每年喝掉超过 1.89 亿升的苏打水。

- 过量饮用汽水会增加龋齿、肥胖、糖尿病和骨质疏松症的风险。

- 标榜健康保健型的运动饮料通常含有大量的糖。

为什么健康饮食这么难

糟糕的是，我们大多数人的生活非常忙碌，并没有重视健康饮食这回事。在紧张的一天里，似乎根本没有时间来准备营养丰富的饭菜。相较于寻找健康的食物，去快餐连锁店或便利店随便吃点要方便得多，薯片、糖果、汽水、高脂肪汉堡和薯条都很容易买到，但这些速食食品营养价值不高，而且通常含有对健康有害的成分。

健康饮食并不总是那么容易。许多学校都在努力为学生提供更健康的饮食选择，但一些学校仍设有售卖高糖食品和碳酸饮料的自动售货机。如果你的家人不重视营养，再或者健康食品价格太贵，再或者你住在很难买到新鲜水果和蔬菜的地方，那么你想要保持健康的饮食习惯可能会更加困难。

将寻找健康食物看作是一种积极的挑战，用信息武装自己，然后尽最大努力做出正确的选择。最好的选择可以是避免摄入不健康的化学物质，也可以是在快餐店点一份沙拉而非油炸食品。除了为你的身体提供健康的"燃料"和减少应激化学物质外，正确的饮食还可以提高你的自尊，因为你知道善待自己的身体会让你感觉良好。

重要提示！

我们一直在谈论食物，但不要忘了水！你知道吗？水占了我们体重的60%~70%，我们的大部分器官都是由高含水量的组织构成的，维持这个比例对我们的整体健康非常重要。血液几乎完全是由水组成的，它有很多重要的功能——保持健康的体温、清除体内的垃圾，以及确保器官获得关键的营养素等。因此，除了健康饮食，喝足够的水也很重要。那么，你到底需要多少水呢？大多数专家认为，每天喝8~10杯水有助于保持你的身体高效运转（当然，当你身体活动非常频繁的时候，你可能需要更多的水）。如果你很难做到喝足量的水，可以试着每隔两小时就喝一杯。随身带一个水瓶，需要时随时增加水的摄入，你的身体会感谢你！

深入探索

- 咖啡因如何影响我的睡眠？
- 什么是咖啡因戒断性头痛？
- 有哪些让人意外的含有咖啡因的食物或饮料？
- 糖的其他名称有哪些？
- 哪些食物含有隐藏的糖分？
- 我为什么要喝这么多水？

3

寻找你内心的平静

"我妈妈教我如何冥想。我正在学习如何摆脱那些充满压力的想法。"
——雅各布，13 岁

"呼吸是世界上最简单的事情，我们不可能不呼吸，但我从来没有意识到我的呼吸会对我的感觉产生如此大的影响。"
——赛迪，15 岁

"在漫长的一天结束后，放松可以帮助我把压力抛在脑后。"
——诺亚，15 岁

"谁会想到放松就是集中注意力呢？"
——黛布，14 岁

我们都曾有过被生活压得喘不过气，内心充满不确定和不安的时刻，仿佛独自坐在一艘小救生艇上，被卷入巨大的海洋飓风之中，被情感的波涛摇晃，被生活中的各种事情困扰，甚至被忧虑和恐惧淹没。在这些时刻，我们难免会怀疑自己是否能够处理好一切，甚至能否撑得住。

当你被生活的狂风暴雨扰得辗转反侧时，另一套重要的压力管理技能可以帮助你找到飓风之眼——那个位于所有混乱、喧嚣和困惑中间的平静之地，你可以在那里休息和恢复。你无法控制生活中的压力风暴，但是放松和正念技巧可以帮助你找到平静。

什么是放松训练和正念技巧

当你听到"放松"这个词时，你可能会想到电子游戏或其他一些能让你暂时逃避生活压力的活动。但是，真正的放松和正念技巧都强调"无为"状态。放松技巧能让你在身体静止的同时，精神上处于警觉而平静的状态。你所认为的一些放松行为虽然让你感觉良好，但它们只是避免压力的一种应对行为。真正的放松能让你的身体和心灵得到深度休息，并帮助你摆脱隐形"老虎"追赶你所带来的压力。

"正念"这个词对你来说可能很陌生。正念是一种放松技巧，强调将你的注意力集中在一些中性事物上，让你保持冷静和专注。你需要忽略身体的感觉、所有的想法以及你周围正在发生的任何事情。当你处于正念状态时，注意力会集中在一个平静、中立的地方。如果思绪来袭，你只需要承认它们，然后放下它们，让思绪归于平静。保持专注的一种方法是专注于你的呼吸——吸气和呼气，这被称为正念呼吸。

知道如何放松并找到内心的平静中心有助于让你的身心保持最佳状态。在生活的压力风暴中找到那个平静之地是一项技能，需要不断练习。想想看，如果总是处于紧张状态，你的肌肉就永远得不到休息。这种持续的紧张会影响你的整个身体，导致疼痛和不适。在某个时刻，你会开始感到全身疲惫，甚至身体变得僵硬，以至于一些简单的日常活动也会变得困难和费劲。

同样，不断地思考或担心你生活中所有的压力情境会让你身心俱疲。如果你不能在一个平静的地方放松并重振旗鼓，你可能会开始感到"大脑衰退"，即思考或创造力下降。放松技巧可以帮助你重新振作起来，让你感到平静且充满效能感。

是应对策略还是真正的放松？

你能从以下清单中找出真正的放松技巧吗？

1. 看电视

2. 散步

3. 专注于你的呼吸

4. 打个盹

5. 逐渐绷紧和放松你的肌肉

6. 读书

7. 冥想

8. 在网上和朋友聊天

如果你猜测3、5和7是放松技巧，那么你答对了，其他选项都是应对策略。看电视、阅读和网上聊天都很有趣，也可以让你从繁重的工作中解脱出来，但它们并不是放松技巧，因为你的大脑很忙，内心也不够平静；散步是一种很好的休息方式，但它不是放松练习，因为你并没有保持身体静止，你需要注意交通状况，你的大脑很容易陷入担忧；睡觉也不是放松技巧，因为它是一种不受控的状态，你也没有保持警觉，噩梦就证明了睡眠并不总是让人放松的。

应对策略可以让你暂时感觉更好，因为它们掩盖或分散了你的焦虑和紧张。但是清单上真正的放松技巧是专注于呼吸、冥想和肌肉放松，这些技巧可以让你保持冷静、警觉且精神集中。

脑电波

你的大脑中有数十亿个细胞通过电流来通信。这种通信可以通过高科技传感器进行测量，并在监视器上显示为可见的波形。当你处于压力、平静或者睡眠状态时，大脑的波形模式会不一样。研究人员已经证明，放松练习会引起阿尔法脑电波模式，这种电波模式表明你处于一种警觉且身心比较放松的状态。

专注式呼吸

你的身体和心灵会强烈地相互影响。你的思想和感受会影响身体里的化学反应，同时，身体状况也会影响你的态度和情绪。使身心达到平衡能让你更加放松，并掌控自己的感受。在充满压力的一天中，专注式呼吸是让自己平静下来的一种简单方法。

当你紧张、兴奋或生气时，呼吸会更为急促，而且呼吸的位置会向上移动到胸腔。这样短而浅的呼吸不能为身体提供所需的氧气。而当你处于轻松自在的状态时，呼吸会变得更慢、更深。缓慢、深沉而有规律的呼吸是内心平静的生理表现。

你现在的呼吸是怎样的？你的呼吸可能很深沉很缓慢，因为你正坐着看书。下次你感到有压力时，关注一下你的呼吸，它很可能会变得更快、更浅。只是坐着不动，但是担心某件事（或者很多事）也会改变你的呼吸。所幸，你可以通过学习控制呼吸让你的精神状态更加平静，哪怕是在压力很大的时候。以下练习可以帮助你学会如何控制呼吸。

重要提示！

在你掌握下面所有练习的步骤之前，你可能需要有人为你朗读这些步骤。例如，你和朋友可以轮流进行，一个人朗读，一个人放松。

准备就绪

● 找一个合适的地方进行练习。你需要在一个舒适安静且不太可能被打扰的地方躺下来。

● 解开任何可能限制你呼吸的紧身衣物或腰带。为了舒适起见，你最好脱下鞋子。

● 专注于呼吸练习，并坚持完成。如果中途放弃，效果会不好。

● 你可能需要告诉周围的人你在做什么——你不希望他们走进来看到你躺在地板上一动不动而被吓到吧！

● 将所有步骤循环进行三到四次。将你的呼吸加深、放慢，让自己更加平静。在起身前，将呼吸恢复到正常频率。

专注式呼吸练习

1. 坐直或以舒服的姿势躺着。

2. 嘴巴紧闭，通过鼻子深呼吸几次，将注意力集中在当下。

3. 将右手放在腹部靠近肚脐的地方，左手放于胸部。

4. 不要试图控制你的呼吸，只是关注你的呼吸位于身体的哪个部位。

5. 慢慢地深吸一口气。吸气时，左手随着吸满空气的胸部而上升，右手保持不动。

6. 吸足气后稍作停留，保持胸部气体充盈，然后放松，用鼻子慢慢将气体呼出。

7. 重复这种胸式呼吸三次。吸气，胸腔扩张，暂停，呼气。
- 注意哪些肌肉参与了呼吸，感受暂停时的充实感，以及随着缓慢、有意识的呼气所带来的放松感。
- 吸气……屏息……呼气。
- 吸气……屏息……呼气。

8. 休息一下。在接下来的几轮中，不再控制你的呼吸，让你的呼吸找到自己的节奏和舒服的位置。

9. 再来一次长长的、缓慢的、深深的呼吸，但这次将吸气引导至你的横膈膜底部（胸腔下方），保持，然后呼气。右手（靠近肚脐）随着呼吸上升和下降，左手保持不动。

10. 重复这种腹式呼吸三次。
- 吸气（右手上升）……屏息……呼气。
- 吸气……屏息……呼气。
- 吸气……屏息……呼气。

11. 完成后，再休息一下，让你的呼吸恢复到自然状态。

12. 现在，保持双手不动，将所有呼吸动作组合成一个缓慢、连续的四拍练习，步骤如下：

- 数"1"，吸气到腹部，右手上升。暂停片刻。
- 数"2"，吸气到胸部，左手上升。暂停片刻。
- 数"3"，慢慢将腹腔中的空气呼出，右手下降。暂停片刻。
- 数"4"，慢慢将胸部剩余的空气呼出，左手下降。

13. 当你感觉自己已将气体全部呼出时，在开始下一个循环之前稍微休息一下。

14. 重复这种四拍呼吸模式两到三分钟。你可以对自己说这个有节奏的口令：腹部吸气，胸部吸气，腹部呼出，胸部呼出。

专注于呼吸并像这样计数，可能一开始很困难或感觉很奇怪，但稍加练习，这项活动就会变得自然且非常舒缓。随着你感觉越来越舒服时，你可能想要延长练习时间。一旦你熟悉了这种在风暴中心创造平静之地的方式，每当你开始感到压力过大时，你就能够随时让自己恢复平静。

吸气　　　　　屏息　　　　　呼气

静坐

就像你的心脏日复一日不停地跳动一样，你的大脑也"时刻在线"——它就像一台永不停歇的思考机器，源源不断地产生各种思绪。如果你不信，不妨做个小实验来验证一下：请暂时放下这本书，闭上眼睛，试着让大脑"关机"。准备好了吗？现在就开始尝试停止思考吧！

你能做到吗？当然不能。想要关闭大脑这台机器是不可能的。不论你如何努力，你的思绪总是在后台悄悄运行着。你自己的思想，包括你的害怕和担忧，都可能成为最可怕的隐形"老虎"。

虽然你无法阻止思绪的流动，但你可以学会如何抽离出来，将注意力集中到其他事物上。例如，现在尝试将注意力集中在你的右脚底上。你是否突然对那里的感觉变得更加敏锐？现在，请你将注意力转移到正拿着这本书的手上。你会发现，尽管之前未曾留意，但现在你能真切地感受到这本书的存在。

注意力法则是这样的：我们关注什么，它就会立刻变得更响亮或更突出。我们的思绪也是如此。我们时而思考外在事物，时而专注于内心的想法。虽然我们的思绪转换得很快，但它聚焦在哪里，哪里就是我们注意的焦点。

放松、正念和冥想技巧的主要难点在于，学会在身体保持静止的条件下，将注意力从纷繁的思绪中解脱出来，然后保持这种状态。冥想练习可以帮助你学会抛弃杂念，平心静气地安坐。

做好准备

- 选择一个你不太可能被打扰的时间和地点。记得关掉手机并排除其他可能的干扰。

- 全身心投入练习。在开始之前，明确设定练习的时间。作为初学者，三到五分钟就足够了。之后，你可能会想逐渐延长时间。无论你选择练习多久，记得设定一个计时器，并坚持到计时结束。

- 练习过程中不要控制你的呼吸。让你的呼吸自然地找到一个舒适的深度和节奏。

- 不要动。在整个练习期间保持身体静止。避免将注意力集中在身体的动作或感觉上，否则会分心。

静坐训练

1. 在一面空白的墙壁前放置一把结实的椅子。

2. 坐在椅子上，面对墙壁，背部放松但挺直。尽管这种姿势最初可能会让你感觉不舒服，但随着时间的推移，你会逐渐适应。

3. 双脚平放在地板上。

4. 请将双手叠放在膝盖上，或者将手掌朝下放在大腿上。

5. 抬头，稍微内收下巴，保持颈部挺直。

6. 眼睛睁开，向下约 45 度角看向空白墙壁。不要倾斜头部——只需向下看。

7. 姿势调整正确后，请将注意力集中在呼吸上。不要试图控制呼吸，只需保持嘴巴闭合，并专注于通过鼻子吸气和呼气。

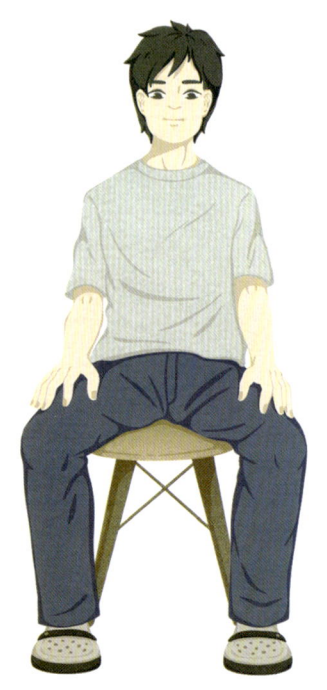

8. 当你准备好开始后，在吸气时默数 "1"，呼气时默数 "2"；再吸气时默数 "3"，再呼气时默数 "4"……以此类推，直到数到 "10"。当你数到 "10" 时，下一次吸气时重新从 "1" 开始数。

静坐训练中的干扰因素

当你试图安静地坐下来冥想时，常常会遇到各种干扰。以下是一些你可能会遇到的干扰以及应对建议。

干扰一：叛逆的大脑。你的大脑可能不喜欢你去控制自己的注意力。它习惯于掌控一切，天马行空，让你忙于思考、担忧和计划。就在你沉浸在数呼吸的舒适感中时，你的大脑会开始发送一些想法来分散你的注意力，试图重新夺回控制权。不知不觉中，你就会陷入沉思，甚至忘记自己在数数。

干扰二：叛逆的身体。就像大脑一样，你的身体可能也不习惯完全静止不动，会尽其所能来分散你的注意力。当你安静地坐着时，身体的某些部位可能会抽动、刺痛或变得麻木。如果你关注这些感觉，你可能会感到瘙痒、饥饿、口渴，或是全身酸痛。记住，身体和思维是相互影响的。所有身体上的干扰，都仅仅是内心不安定的外在表现，无论身体感觉有多么强烈，只要你不再用注意力去放大它，它就会消失。

干扰三：纷扰的外界。当你准备坐下来进行片刻的专注冥想时，仿佛整个世界都会知道。朋友不期而至，手机振动不停，门外传来敲门声，弟弟闯入房间，甚至邻居也在这时开始修剪草坪。

克服这些干扰因素。如果你的注意力被思绪、身体或者外界所干扰分散，请将注意力重新集中到呼吸上，专注于数数。从下一次吸气时开始数"1"，然后继续数下去。在你尝试冥想的前几次，你可能会重来很多次。这没关系。通过练习，你可以提高自己专注于呼吸，不受身体和大脑干扰的能力。

渐进式肌肉放松法（PMR）

当焦虑不安的人谈到"紧张"或"紧绷"时，他们描述的不仅仅是自己的感觉，还有肌肉的状态。20 世纪初，埃德蒙·雅各布森（Edmund Jacobson）博士发现，通过有意识地保持肌肉紧张然后释放，可以使其得到深度放松。雅各布森博士称这项练习为渐进式放松。今天，它被称为渐进式肌肉放松或 PMR。

PMR 做起来很容易。你只需分别针对不同的肌肉群，系统地收紧和释放它们。通过养成习惯并定期练习，你很快就能又掌握一种方法来寻找你内心的平静。

PMR 的一个好处是你不需要独自在一个安静的地方进行训练。开始的时候，你可能会想要在一个安全且私密的环境中练习，但当你熟练掌握了这项技巧，你就可以随时随地按照你的喜好来进行了。

准备就绪

- 穿着舒适。紧的衣物或腰带可能会使你感到不舒服，难以集中注意力。你也可以脱掉鞋子。

- 找一个安静且不太可能被打扰的地方舒服地坐下或躺下。

- 虽然在进行 PMR 时不会受伤，但要注意你最近受过伤或者容易抽筋的肌肉。

- 在做练习时，自然而放松地呼吸，并专注于你肌肉的变化。感受每个特定肌肉群的紧张感和放松感。想象特定的肌肉群紧张、放松，这样挺有帮助的。

- 当你让身体的一部分保持紧张时，要确保其他部分保持放松。只绷紧你正在训练的部分。

- 在做 PMR 练习时，关注紧张的肌肉和放松的肌肉之间的区别很重要。

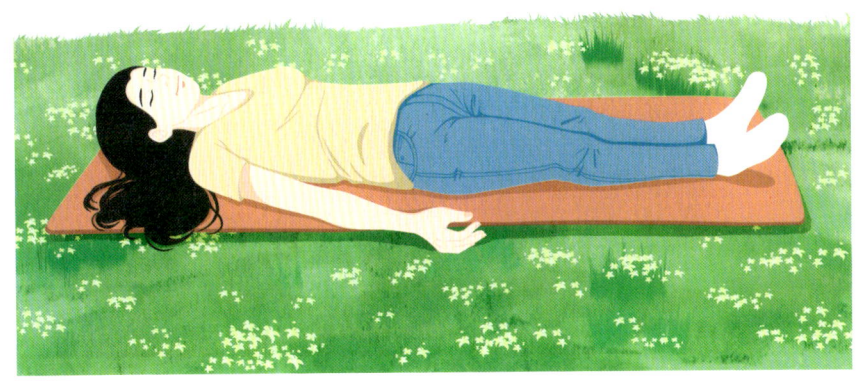

渐进式肌肉放松（PMR）练习

1. 躺在平地上。开始你的 PMR 练习，绷紧脚部的肌肉。将脚趾向下弯曲，并保持 3~5 秒。你可以自己默数，从 1001，1002，数到 1005，然后迅速放松。接下来，绷紧你的脚趾并尽可能保持 3~5 秒。再次迅速放松你的脚。注意释放的感觉和紧张感消失的感觉。

2. 接下来，收紧你从脚部到腰部的所有肌肉。首先收紧小腿，然后收紧大腿，最后夹紧臀部。检查双脚、腰部以上的所有部位是否都放松了。尽可能收紧这些肌肉，保持 3~5 秒……然后迅速放松。再次提醒，花点时间关注释放的感觉和紧张感消失的感觉。

3. 现在，让腹部肌肉重复这一过程。绷紧并保持紧张感 3~5 秒，然后放松，停下来注意感受。

4. 向上移动到你的胸部——绷紧这些肌肉并保持 3~5 秒的紧张感……然后放松，呼气。

5. 现在，抬起肩膀并保持 3~5 秒，绷紧肩膀上的肌肉。确保周围所有的肌肉都放松，只让肩部紧张，然后放松肩部的肌肉，感觉它们往地板的方向下沉。

6. 双手握紧拳头。握紧 3~5 秒，然后松开，释放紧张感。

7. 通过弯曲手腕使双手收紧。增加前臂、肱二头肌和肱三头肌的压力。保持这个姿势 3~5 秒，然后放松，让肌肉变得柔软和放松。

8. 将头尽量向右转，绷紧颈部，保持 3~5 秒，然后将头转回正中，放松。现在尽量向左转，保持这个姿势 3~5 秒，再次回到中心位置，然后放松。感受头部的重量。

9. 接下来，收紧你脸部的肌肉。紧闭嘴唇，皱起鼻子，紧绷前额，并闭紧眼睛。保持这个姿势 3~5 秒，然后迅速放松，感受你的脸部肌肉回到它原来的位置。

10. 最后，快速扫描你的整个身体，检查是否有任何剩余的紧张感。想象一股放松的波浪从你的脚趾开始，沿着你的身体向上移动，穿过你的手臂，并将任何剩余的紧张感从你的头顶扫除。享受肌肉深度放松和全身平静的感觉。

11. 当你准备好时，慢慢地深呼吸几次，睁开眼睛，面带微笑，然后坐起，精神焕发地重新投入到你的生活中。

这看起来似乎很费事，但当你做过几次，就会很快掌握。整个流程，包括绷紧和松开身体的每个部位，中间停顿一下，感受放松的感觉，可以在 10~15 分钟内完成。完成后，你的身体会因为紧张感的释放而感到非常踏实和平静。你的呼吸和心跳都会减慢，头脑也更容易进入放松状态。学习渐进式肌肉放松法非常棒，因为它会帮助你更好地感知自己的身体，让你在感受到紧张的时候迅速放松。

放松和正念技巧能消除你生活中的所有压力，或让你最疯狂的梦想成真吗？或许并不会。但它们可以帮助你减少不知所措、忧虑或不安感。真正的放松能直接将你带到压力风暴中心的平静之地，让你体验到深度的身体释放和精神的平静。练习得越多，你就越有能力保持内心的平静——无论是在平常的日子里，还是在你被看不见的"大老虎"包围的时候。

深入探索

- 哪些脑电波模式与深度放松有关？
- 渐进式肌肉放松如何使心灵平静？
- 什么是选择性注意？
- 人们进行冥想已经有多久的历史了？
- 有哪些好的深呼吸练习方法？

为自己发声

"无论你说什么或做什么，和别人相处时总会遇到一些问题。关键在于知道当这些问题出现时应该怎么应对。"
——艾琳娜，14 岁

"有时候我感觉自己被别人左右了——不是身体上的，而是被别人的需求所驱使。只有当我觉得某件事对我不利时，我才会开始表达自己的真实想法。"
——贾斯丁，15 岁

"我真希望我的继父能更加信任我。我的朋友们可以做许多事情，而我却不可以。"
——塔瓦里斯，13 岁

"我知道上学很重要，但是很多时候我感觉上学对人来说简直是一种虐待。"
——洛莉，16 岁

我们感受到的许多压力都来自我们与他人的相处。比如，你有时可能会感到朋友对你不尊重，或觉得他人——包括家人、老师或其他成年人——对你的生活干预过多。或许你有时会觉得自己的需求、观点和感受被忽视，所有事情都由他人替你决定。又或者，你觉得履行对于家庭和学校的职责占据了你大量的空闲时间。当你终于有自己的时间，你能做什么或者能花多长时间做你喜欢的事情时还是会受到限制。在这些情况下，学会坚定自信地表达自己的想法可以帮助你缓解压力。

勇敢表达的技巧

别人可能会对你生活的某些方面提很多建议或者意见，但实际上你比你想象的要更有控制权。尽管学校或家里的某些规则看似不公平，但你可能从经验中知道，反抗它们通常于事无补。勇敢表达的技巧可以帮助你以积极的方式为自己发声。

勇敢表达测试

你能从以下这份清单中找出真正的放松技巧吗？

1. 如果你觉得老师不公平，你会向他们表达你的想法吗？

2. 如果你发现朋友对你撒谎，你会指出来吗？

3. 当有人发送恶意短信或在网上发布关于你的负面信息时，你会找人说这件事吗？

4. 当你在排队时有人插队，你会说出来吗？

5. 面对那些试图当面或在网上使你感到难堪或散播你谣言的人，你会正面回击吗？

6. 如果朋友要求你做你不愿意做的事情，你会说"不"吗？

7. 你能否在与家人讨论家规（如门禁时间或家务分配）时保持冷静，避免争吵？

8. 如果在学校或网络上受到欺凌，你是否会及时向成年人求助？

9. 你是否敢于向朋友坦诚地表达你的观点和真实的自我？

10. 你能够在不生气和不攻击他人的情况下解决与他人之间的冲突吗？

如果你对这些问题中的一些或大部分的回答是"否",那么提高勇敢表达的能力将对你有所帮助。勇敢表达技巧帮助你在不冒犯他人的同时,诚实地分享你的想法和感受。这种技巧能帮助你设定自己的底线,明确哪些事情是可以接受的,哪些是不可接受的,并勇敢地表达你的愿望和需求。当你勇敢表达时,人们会知道你是谁、你的想法和感受是什么,理解你处理人际关系的基本原则。勇敢表达可以帮助你更好地维护自己作为一个人的权益。

你的基本权利

- 你有权让你的感受、需求和观点被倾听和重视。
- 你有权参与影响你生活的决策。
- 你有权说"不"、"我不知道"、"我不理解"或"我对做那件事不感兴趣"。
- 你有权反抗那些威胁你、嘲笑你或贬低你的人。
- 你有权分享你的感受。
- 你有权与众不同,并以自己的独特为荣。
- 即使你并不完美,你也有权悦纳自我。
- 你有权对侵犯你权利的行为做出回击。

这些权利也伴随着责任。例如,你没有权利通过贬低他人或伤害他人的身体来表达你对他们的感受——勇敢表达并不等同于咄咄逼人。当你咄咄逼人时,你很难考虑他人的感受,这可能会让你失去他人的尊重,让大家疏远你。而当你勇敢表达时,你可以以尊重他人并认可他人感受的方式来处理挑战。

"ASSERT" 公式

你可能从经验中知道，在觉得自己受到委屈时保持头脑冷静很困难。有时候可能出现棘手的情况，让你难以保持冷静；有时候你可能不敢说出困扰你的事情。在这些情况下，勇敢表达的技能会派上用场。

"ASSERT" 公式

A（Attention）——引起注意

S（Soon，Simple，Short）——及时、简明扼要

S（Specific）——具体

E（Effect）——影响

R（Response）——回应

T（Terms）——条件

引起注意。 要处理你与他人之间的问题，你首先需要吸引他们的注意力。以尊重的方式与对方接触，告诉他或她你想就一些重要的事情谈一谈。

及时、简明扼要。 尽快对情况做出回应。让事情悬而未决可能会让你长时间感到有压力。如果你心烦意乱，担心自己可能会以消极或有害的方式做出回应，那就在冷静下来之后马上和对方谈谈。当你准备好讨论问题时，对问题的解释要简明扼要。

具体。 在描述情况时，要关注具体的行为，即某人的言行举止，是什么让你感到不舒服。

影响。 帮助他人理解你所经历的情况对你造成的影响，告诉对方某个行为让你有什么感受。

回应。描述你希望对方做出的有助于解决问题的回应，要求对方对你的这个要求给出反馈。

条件。最后，在讨论了具体的行为和你的要求后，简要地重申你们达成的共识，以确保双方都清楚明了。

下面 3 个例子介绍了如何以及何时使用 ASSERT 公式，让你了解它的实际应用情境。

情境一

在学校大厅里，离你不远处发生了一场争执。几位老师上前制止，并把打架的学生带走了。其中一位老师让你跟他一起到办公室。你试图解释你并没有参与打架，但是老师不听你解释。

引起注意："威廉姆斯老师，我可以和你谈谈刚才发生的事吗？"

及时、简明扼要："我根本没有参与打架，我觉得自己被惩罚很不公平。"

具体："我明白你误以为我参与了打架，我能理解你为什么会误会我。打架开始时，我只是路过。"

影响："我很不安，因为我不想因为我没做过的事情而被停学，错过上课。我也感到挺受伤的，因为你竟然认为我会在学校里打架。"

回应："你愿意听听我看到的事情经过吗？我当时离事发地点很近，可以告诉你我看到了什么。"

条件："谢谢。我很感激你愿意听我讲述整件事情的经过。"

情境二

当你和朋友打电话时，你的妈妈冲你大喊让你挂掉电话。

你的朋友能听到她的声音，你觉得很尴尬。

引起注意："妈妈，我们能花点时间谈谈我刚才打电话时发生的事情吗？这对我来说很重要。"

及时、简明扼要："你提醒我挂电话的方式让我觉得不舒服。"

具体："你觉得我讲电话太久的时候，对我大喊大叫，我不喜欢你这样。"

影响："你刚才的吼叫都被我朋友听到了，我很尴尬。"

回应："你可以试试其他方法吗？如果你竖起两根手指，让我知道我有两分钟时间挂断电话，我就有足够的时间把话说完。我想这样我们双方都会更容易接受。"

条件："好的，所以你会伸出两根手指而不是大喊大叫，我会在两分钟内挂掉电话。谢谢你愿意试试这个方法。"

情境三

你的邻居发小加入了足球队，现在他大部分时间都在学校和其他队员一起玩。你碰到他和队员们在一起的时候，他会无视你，你们已经有好几周没有一起出去玩了。

引起注意："嘿，杰克。有件事让我有点困扰，你有时间和我谈谈吗？"

及时、简明扼要："自从你加入足球队，我们之间的友谊好像就淡了。"

具体："你似乎只和其他队员一起玩，当我碰到你的时候，你却无视我。我们几乎都不在一起玩了。"

影响："加入足球队是一件很酷的事情，我理解你需要有别的朋友。但我感觉很伤心，因为我们一直都是很好的朋友，可现在你似乎不想和我一起玩了。"

回应："我还是想时不时和你一起玩，比如在你没有训练的时候。"

条件："谢谢。我真的很感激你仍然珍惜我们的友谊，想要和我一起玩。周日见！"

（如果杰克没有时间和你一起出去玩，那么可能是时候去交别的朋友了。在"编织一张获得支持的'安全网'"中，有一些关于如何扩大社交圈的建议。）

一开始，ASSERT公式可能会让人觉得生硬和笨拙，但经过练习，它会变得更为自然。尽管这是一个简单的公式，但它的力量却不容小觑。当你以坚定的方式向他人表达自己的意愿时，你不仅更有可能满足自己的需求，同时也会赢得更多尊重。虽然你无法总是如愿以偿，但至少你已经明确表达了自己的感受，并尝试改善当前的状况。这种坚定态度的表达就像是在说："我冒着你可能会生气的风险说这些，是因为我珍视我们之间的关系，我希望这对我们双方都好。"这种表达方式能在很大程度上影响别人以后怎么看待和对待你。

以积极、坚定的方式表达你的感受，就像拥有一个安全阀，让你释放强烈的负面情绪所带来的压力，避免你到达崩溃的边缘。它还可以帮助你更好地了解自己，变得不那么脆弱，让你在生活中得到更多你渴望且值得拥有的东西。这比毫无防备地踏入充满威胁和压力的复杂环境要好得多。

重要提示！

在使用 ASSERT 公式时，你自己的判断是非常重要的。例如，你应该不想激怒一个有暴力倾向、有虐待行为的人，或是吸毒、酗酒的人。这些技巧在你与那些理智且愿意倾听你意见的人打交道时才能发挥最佳效果。如果你感到自己的安全受到威胁，请立即离开并尽快寻求帮助。

深入探索

- 勇敢的行为与攻击性行为有何区别？
- 勇敢表达有哪些益处？
- 看一段如何让人变得勇敢的视频。
- 被动攻击是什么意思？

5

编织一张获得支持的"安全网"

"我有一个朋友，无论什么时候她都会陪在我身边。她是我最好的朋友，如果没有她，我会很迷茫。"

——宋宜，12岁

"我的家人和朋友都在全力支持我。他们总是给我信心，在我犯错时及时指出，所以我能应对好一切。"

——加文，13岁

"如果没有家人和朋友分享，生活将毫无意义。"

——博伊德，15 岁

"任何事情我都能跟我外婆说。别人都不理解我时，她是我可以信赖的人。"

——希梅娜，16 岁

你是否曾经因为某件事而感到压力重重，但把问题藏在了心里？也许你并不想让别人担心，或者你害怕别人会瞧不起你。想表现出自己的能力、力量和面对困境时的坚韧是人之常情。但是有时候，害怕展现不确定或脆弱的一面，会在我们最需要支持时导致我们自我封闭。在困难或压力重重的时刻，有一张由你可以信赖的人组成的"安全网"会特别有帮助。

编织"安全网"的重要性

有时，我们可能会觉得自己应该像超级英雄一样独自应对生活中的所有挑战，如果我们做不到，那就意味着我们自身有问题。我们可能还会觉得，即使我们从未尝试过，我们也应该能够独自应对新的挑战。糟糕的是，这些想法可能会让我们对自己感到不满，并且认为在应对生活压力时我们是孤军奋战的。

- 你是否觉得自己有必要装腔作势或试图给别人留下深刻的印象？

- 你是否曾在感觉并不好的时候说过自己一切都好？
- 你是否觉得自己有时必须撒谎，隐瞒自己的喜好或隐藏真实的自己？
- 在危机中时，你是否怀疑自己能否真正信任别人以寻求支持？
- 当你感到不知所措、害怕或困惑时，你是否觉得自己必须"单打独斗"？

治愈型朋友

友谊、家庭支持和其他可信赖的人真的非常重要，会直接影响你的身体健康。研究表明，与关心你的朋友、家人共度时光并交谈，可以减少皮质醇和其他延迟愈合的压力激素水平。与他人建立联系，甚至在细胞层面都有益处！

事实上，家庭、好朋友和其他支持关心你的人是帮助你应对压力、克服挑战的重要力量。这些人共同编织了一张支持的"安全网"，就像马戏团里高空走钢丝表演者脚下的网一样。知道他们就在你身边，可以给你面对问题和尝试新鲜事物的勇气。当你冒险前行，在钢丝上摇摇欲坠时，你知道自己并不孤单，有一群值得信赖的人会在你跌倒时接住你，这感觉真好。

这张安全网不会在你需要的时候自动出现。相反，这种联系需要有意识地建立和维护。你可以首先做一个别人的支持者，当朋友或家人情绪低落或需要帮助时，你的陪伴和支持会增加他们对你的信任，这种信任会让你在需要帮助的时候更可能获得支持。

人际关系的五个层次

想想你认识的人。是否有一些人是你真正信任的，并且在你需要帮助的时候会向他们求助——比如家人或最好的朋友？有没有其他你认识但不是特别亲近的人？仔细想一下，你会发现你和别人的关系是各种各样的，有些人你离不开，有些人你却不想靠近。

如果你必须给你的人际关系打分，你可能会从考虑你有多信任他们开始。信任量表可能是这样的：

信任量表

低信任度		中信任度		高信任度
1	2	3	4	5

衡量一段关系中信任程度的一种方法是，想想你和别人谈论的话题。你与朋友和家人分享了什么？他们和你分享了什么？当你阅读以下描述时，想想你认识的人，他们可能属于哪一类。

第 1 级——"只说事实……"

在第 1 级关系中，人们只分享事实信息。熟人之间的很多日常对话都是在第 1 级进行的。它没有威胁性，因为主题不是关于说话的人或任何真正有争议的事情。

"星期六晚上有一场篮球赛。"
"这个星期五我们要考第四章的历史。"

"我的手机掉了，屏幕又坏了！"

第 2 级——"他们说……"

第 2 级的关系也是相当安全的领域，因为谈话是关于别人说了什么。由于不涉及直接表达自己的想法或感受，所以冒犯别人或因所说的内容被排斥的风险很低。相反，你更多地扮演传话者的角色，分享你在别处听到、读到或看到的东西。糟糕的是，很多第 2 级对话可能是八卦或对他人的贬低。

"我听说布鲁克琳交了新男朋友，他只是在利用她。"
"他们说数学老师很严厉。"
"保罗告诉我球队在昨晚的比赛中输了。"

第 3 级——"我认为……"

第 3 级对话是人与人之间真正联系的开始。在这一层面，需要一些信任，因为你是在冒险表达你的观点和想法。有可能会引发愤怒、争论或伤害感情，但同样也有可能基于你们的共同之处建立牢固的友谊。

"这首歌太棒了。"
"我认为吸毒是愚蠢的。"
"我们应该对学校的管理有发言权！"

第 4 级——"我感觉……"

第 4 级对话的中心是分享和表达真挚的情感。例如，一个因为分手而难过的朋友不会害怕在你面前哭泣或表达感情。与此同时，你会试图理解你朋友的感受并提供安慰。第4级对话需要信任，因为人们会感到脆弱，在其敞开心扉之前需要对你的支持充满信心。这不是那种能在网上顺利进行的交流，最好当面交谈。这正是人与人之间建立真实连接和牢固友谊的基础。

"我爸爸妈妈要离婚了，这个家要被拆散了，我感到害怕和生气。"

"我妈妈得到了她一直想要的工作，这让我很高兴。"

"我的数学成绩太糟糕了，我都要崩溃了。"

第5级——"这是我对你的感受。"

第5级是第4级的延伸。在这个层面上，你直接分享你对另一个人的感受。这些感受包括爱、伤害、沮丧、幸福，或者你们之间发生的任何事情。虽然进行这些对话可能很难，但它们可以使关系更稳固。想想当你和你的父母发生争执，但最终达成一致的时候。有可能在解决问题后，你觉得彼此更亲近了。第5级关系的风险最大，因为你最脆弱，也最需要信任。

"我很感激你为我挺身而出。你真是一个好朋友，认识你我感到很幸运。"

"你要搬家了，这让我很难过。我不想失去和你的友谊。"

"我很担心，因为你这几天看起来很沮丧，你的行为让我有些担忧。"

下图是我们将这些新信息添加到信任量表中的情况：

信任量表

低信任度		中信任度		高信任度
1	2	3	4	5
只说事实……	他们说……	我认为……	我感觉……	我对我们……感到……

现在你已经熟悉了信任量表和关系的五个等级，你可以给你自己的支持系统打分了，包括家庭成员、邻居、朋友、老师、辅导员以及学校或社区的其他人。

信任量表

低信任度		中信任度		高信任度
1	2	3	4	5
只说事实……	他们说……	我认为……	我感觉……	我对我们……感到……
兰迪 艾琳 布兰妮 阿曼 艾 桑塔纳	艾比盖尔 诺拉 克劳迪娅 克尔斯滕 玛丽 亚历克斯	拉蒂莎 雅各布森先生 桑普森夫人 威尔	教练肯 李小姐 格林拉比 玛丽亚	爸爸 妈妈 麦肯齐 萨莉阿姨 娜娜

当你完成后，你就有了一个人际关系基础图谱。你可能有很多第1级、第2级和第3级关系，但需要建立一些更强的第4级或第5级关系。或者，你可能只有几个非常亲近的人。无论现在看起来如何，这

张图可以反映你当前"安全网"的质量，并帮助你识别你想要加强的关系。

你的目标不必是将你所有的关系都转变为第5级关系——每个人在生活中也需要第1、第2、第3和第4级的关系。和这些人在一起会很有趣，他们会教你很酷的东西，提供不同的观点，给你带来新的体验。虽然不必与你认识的每个人都非常亲密，但编织一张强大的"安全网"确实意味着，在你需要的时候，在你的生活中建立一些第4级和第5级关系来支持你非常重要。知道你有可以信任和依靠的人，你就不会独自面对生活中那些看不见的"老虎"。

加强人际关系

如果你想让你与朋友、家人或其他人的关系更牢固，你能做些什么呢？你会不会走过去对某人说："嘿，我们的感情等级大概是第2级。我希望我们达到第4级或第5级——你想和我谈谈你的内心感受吗？"你可以这么说，但很有可能对方会看着你，以为你疯了，然后可能会跑开。幸运的是，有许多其他方法可以更自然地加强关系，而不会让人感到尴尬。

共享时光

这个建议似乎不言自明，但与朋友和家人的活动的确能提供很多增进感情的最佳体验。无论你们在做什么，都可能发生一些有趣或引人发笑的事情，这些都能成为你们共同分享或笑谈的回忆。一起运动或看戏剧，去滑板公园，在健身房挥洒汗水，或做其他有趣的活动，这些都是与他人联系的好方法。当你们一起共度时光，分享兴趣时，你们之间会变得越来越亲密。

诚实

说到改善人际关系，诚实永远是上策。对父母、老师或他人撒谎会导致不信任，从而破坏人际关系。友谊也是如此。对别人撒谎是不负责任和不尊重的行为，会造成难以修复的影响。下次当你觉得有必要夸大事实时，请记住，谎言几乎总是会反过来伤害（甚至破坏）人际关系。当你把难以齿启的真话说出口，正是你赢得第4级和第5级人际关系的时候。

对别人认为重要的事物表现出兴趣

真诚地对别人喜欢或享受的东西感兴趣，本身就是一种赞美，这说明你关心他们。大多数人喜欢谈论他们生活中的趣事，这种愉悦感也会传递给你。

不要过于强势

专横的人通常交不到好朋友。你想和一个对你指手画脚或者总是让你做不喜欢的事情的人在一起吗？肯定不想。当你想给别人施加压力，或者想告诉他们该怎么做、怎么想的时候，记得提醒自己"己所不欲，勿施于人"，真正的朋友会允许对方做自己。

避免过分强调自己

与他人分享自己的见解是件好事——谈论你的想法、感受和兴趣是建立共同点的好方法。与此同时，过度分享是不可取的。你可能认识一些人，他们认为自己是世界的中心，认为自己做的一切都是最好的，而你只渴望了解他们的生活。夸夸其谈的人，或"在宇宙中心"的人，往往容易让其他人反感。分享是件好事，但倾听别人的想法也很重要。在良好的友谊中，大多数是平等的分享。

助人为乐

当你认为有人需要帮助时，主动伸出援手。不管是帮忙做家务，还是花时间给同学讲解数学作业，都应该行动起来。做好事通常会令人感激并产生好感——人们很难不喜欢一个乐于助人的人。这同样适用于困难的情况，你知道，即使是简短的聊天或一句鼓励的话也会给别人带来很大的帮助。你们之间可能没有那么亲密，但是一个表示你理解他（她）的感受的小动作，就能显示你成为亲密朋友的潜力。

寻求支持

向别人寻求帮助意味着你足够信任一个人，可以在需要的时候依靠他。这也意味着你足够聪明，知道自己的能力已经到了极限。当你向你的"安全网"寻求帮助时，你与这些人的关系会变得更加牢固。

深入探索

- 当好朋友让我失望时，我该怎么办？
- 如何让我的友谊更牢固？
- 怎样才能结交到好友？
- 一个好的朋友应该有哪些品质？

6

掌控你的生活

> "我知道我要去哪里——即使在困难的时候，我也会把目光放在目标上。"
> ——明，15 岁

> "当你知道接下来会发生什么时，生活就会轻松得多。"
> ——亚莎，17 岁

"如果连你都不确定自己是否走在正确的道路上，那谁又知道呢？"　　　——罗纳德，13 岁

"设立目标能带给你更多掌控自己命运的力量。"
——英格丽，14 岁

"我很高兴即将毕业。我喜欢焊接，所以我可能会去汽车修理学校，或者学习暖气和空调方面的知识。"
——丹尼，17 岁

你是否曾感觉无法掌控自己的生活？尽管拼尽全力，但事情还是不受你的控制。也许你感到压力太大，疲于应付，根本无暇思考自己对未来的计划。这种感觉会让你的生活看起来像是一部电影——在这部电影中，你只是一个听从他人指令和安排的角色。

无法掌控自己的人生走向，或者对未来感到迷茫，都会让你压力倍增。如果你没有朝着你想要的方向前进，目标可以帮助你重新成为人生的导演。毕竟这是你的生活——为什么不让它变得更精彩呢？

撰写自己的剧本

怎样才能回到"导演"的位置，掌控自己的人生呢？问自己一些关键而深刻的问题，这些问题能帮助你塑造你的未来："我的生活目标是什么？为什么我要朝这个方向前进？这是谁的决定？对我来说什么才是

真正重要的？我想努力追求什么？我想给这个世界带来什么不同？"这些问题很难回答，很多人干脆不去思考，但是没有明确方向或目标的生活就像在原地踏步。建议你试试为《我的人生》这部电影写一写剧本，掌控自己的生活。

在动笔之前，先想想你希望完成哪些事情，可以是你近期的目标，比如找份暑期工作，或者加入游泳队；也可以是你希望为之努力的长远目标，比如以优异的成绩毕业。设定目标是实现目标的第一步，当你朝着想要的生活努力时，压力会随之减少。

目标问题

如果你难以确定目标，可以用这些问题来引导和提示自己。

1. 你的兴趣或特长是什么？ 人们在做自己喜欢或擅长的事情时最快乐。试着设想与你的兴趣、激情和能力相关的目标。

2. 你最希望因为什么被人记住？ 当我们的成就受到尊重时，我们更有可能感到快乐。思考你希望别人记住你的哪些成就。

3. 对你来说什么是最重要的？ 做一些对个人有意义的事情可以帮助我们感到平衡和满足。想想那些让你自我感觉良好的目标。

4. 谁是你心目中的英雄？ 我们钦佩的人可以帮助我们洞察自己的梦想。想想你心目中的英雄——那些让你敬仰、改变了世界的人——以及他们为何在你心中脱颖而出。你希望吸取他们身上的哪些长处和成就。

5. 你想住在哪里？ 我们居住的地方对我们可获得的机会有很大影

77

响。试着想象一下你的梦想之地，以及它会如何影响你未来的目标。

6. **如果你有足够的自由做任何想做的事情，你会做什么？** 不要让任何事情限制你的梦想。如果你有足够的自由、时间、金钱和支持，你想做什么？充分发挥你的想象力，看看会有哪些创意涌现。

回答这些问题可能会帮助你为不久的将来或长远的规划设定目标。不管是什么情况，朝着它们努力可以帮助你感觉良好，对未来少一点焦虑。你甚至可能发现一些鲜明的主题，这些主题暗示了你希望的人生电影的主题是什么。

> "我天生就有很强的节奏感——我想这是与生俱来的。我希望将来有嘻哈表演的演出机会……甚至可能签下一份唱片合同。"
> ——塔米尔，14 岁

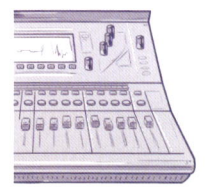

> "我在文字方面很有天赋，主要是写诗和写故事。对我来说，写作如同呼吸——我需要写作才能活下去。"
> ——利亚特，13 岁

> "我崇拜医生、护士、急救人员、警察——这些帮助他人的人。我觉得能像他们那样为社会做贡献很有意义。"
> ——萨曼莎，15 岁

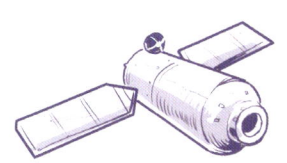

"地球上的生活不适合我——不是因为我不喜欢这里，而是因为我喜欢太空旅行。10年后我想住在国际空间站。"

——比约恩，14 岁

"我真的很担心全球气候。在我的环境研究课程中，我学到了很多关于气候变化的知识。我想有一天我会做一些对这个星球有重大影响的事情。"

——里卡多，16 岁

实现你的目标

设定目标很重要，但这只是第一步，你还需要制订计划来实现它。你可以通过设定一系列短期目标来逐步实现你心中的梦想，把大挑战分解成更好实现的小目标。你的人生大片在全部制作完成并登上大银幕时可能会让人印象深刻，但拍摄的过程是一场一场进行的，不能一蹴而就。

设定目标的五个步骤

1.明确写出你的目标。确定目标是最重要的一步，如果连自己想要做什么都不清楚，更别说去实现它。在描述目标时，尽可能具体一点。

2.列出实现目标的步骤。想想你的总体目标和你需要做些什么来实现它。这些都应该是你可以轻松完成而不会产生压力的小步骤（如果短期目标看起来遥不可及或令人望而生畏，你可能会有挫败感，从而放弃努力）。不断细分目标，直到它们小到可以轻松完成。

3. 列出一些你可能会遇到的障碍和解决办法。很多人在遇到障碍时会放弃目标，又回到了之前的生活状态。保持前进动力的一个好方法是预测可能出现的问题，并在问题发生之前想出解决办法。

4. 列出一些可能有助于实现目标的资源。谁能提供对你前进有帮助的见解？有没有书或网站可能成为很好的资源？是否有在某一主题上具有特殊专长的地方性或国家性组织？思考一下你可以从哪些不同的渠道获取信息与支持。

5. 列出衡量目标进展的各种方法。跟踪你所取得的进步是很重要的。如果你不注意这一步，就有可能偏离轨道，做很多对你的努力毫无帮助甚至有害的工作。看到你的进步也能激励你，给你前进的信心。

设定目标的力量

把目标写下来可能有些繁琐，但是很有用。研究表明，目标明确的人更能成功地朝着目标努力。思想是一种强大的动力，当你把它引向你想要的东西时，你就有了决定性的优势。

现在你知道了如何进行目标设定，那就让我们付诸行动，看看它在现实世界中是如何起作用的。你可以用同样的方法来制订一个计划，以达到你想要完成的目标。

达成目标

1. 写一份目标陈述。我想进入大学学习电子游戏设计。在我高中的最后一年，我将通过获得实际的计算机经验来提高我的资历。

2. 列出实现目标的步骤：

- 做些调查，了解电子游戏设计师到底是做什么的。
- 争取在当地的科技公司实习。
- 参加美术培训提高绘画技巧。
- 查找并熟悉基本的游戏设计软件。
- 加入计算机俱乐部，与他人一起完成和游戏相关的项目。
- 做调查，了解哪里有在线视频游戏设计的培训。

3. 写下一些你可能会遇到的潜在障碍，以及解决它们的办法：

- 我附近没有实习机会。我能做的：参加一个技术指导项目，或者看看我是否能找到工作，像乔的妈妈一样做网页设计师。
- 我们学校没有计算机俱乐部。我能做的：成立一个计算机俱乐部，找一些志同道合的人。

4. 列出一些可能有助于实现目标的资源：

- 计算机实验室的施密特先生。
- 喜欢被称为计算机极客的曼尼。
- 指导顾问汉诺威女士。
- 关于电脑游戏设计的视频教程。

- 当地社区大学技术项目成员。

5. 写下衡量目标实现进度的方法：

- 我正在从一个实习或导师项目中获得培训和经验。
- 我会使用基本的游戏设计软件。
- 我将了解游戏设计师的工作和游戏行业。
- 我已经和社区大学的辅导员谈过技术课程和奖学金的事。
- 我和乔的妈妈聊了聊她作为一名计算机程序员的工作生活。

实现每一个目标都需要时间。但是，除非你制订了具体的计划，否则你的人生电影可能永远只是一场白日梦——你会在某个时候醒来，发现自己仍站在原地，而梦想中的彼岸依旧遥不可及。

当你朝着目标努力时，请记住，你的人生电影是一部正在拍摄的作品，每一刻都在书写你的故事。当你的感觉或优先级发生变化时，你应该顺其自然地调整脚本并朝着目标努力。你应该把你的愿景和目标保存在电脑文档中，这样你就可以随时进行修改。同样要记住的是，设定目标不仅仅是为了你的人生梦想。用同样的五步目标设定过程来处理日常生活中的大事和小事，能帮助你完成重要的事情，减少生活中的压力。

当你知道自己想去的方向，并对这个方向感到满意时，你的焦虑感会降低，内心会更加平和，对自己生活的掌控感会增加，能体会到梦想成真带来的快乐、满足和自信。你将努力把你的生活拍成一部超级精彩的故事片——一部你为自己能在其中担任主角而自豪的故事片。

深入探索

- 有没有关于目标设定的 TED 演讲？

- 有哪些设定目标的成功案例？

- 我可以在哪里学习成为一名电脑游戏程序员？（或你选择的任何其他目标）

- 青少年在哪里可以找到设定和实现目标的指南？

让时间成为你的盟友

"我的日程安排就像机场的到达 / 起飞显示屏一样——排得满满的。如果我不注意安排时间，我很快就会落后。"

——凯特琳，14 岁

"时间似乎流逝得越来越快。我不知道它是否真的变快了，还是因为我每天安排了更多的事情，让它看起来如此短暂。"

——威尔，16 岁

"把事情做好是很重要的，而知道如何管理时间能帮我做到这一点。"

——安，13 岁

"当你想要帮助别人时，往往很难界定自己能做些什么或不能做些什么，这些界限有时并不清晰。"

——埃里克，15 岁

假设这是周日的早晨，你睁开眼睛看到蔚蓝的天空。你憧憬着和朋友们在公园里轻松地打篮球。然后你突然想起所有你必须做的事情：做家务活，比如遛狗；下星期是你妈妈的生日，而你还没有准备贺卡；你的家庭作业——周一有一场重要的历史考试，周五要交一篇英语论文；你还应该为周三的实习面试做准备；对了，你还得换掉你最喜欢的耳机，因为你的狗把它当成了一个咬咬玩具。除此之外，你没什么要做的了！

把这些事全部做完，然后再去公园，你觉得可能吗？生活似乎就像是一场没完没了的"加时赛"，而你总是落后的那个？你是否觉得没有足够的时间去做你必须做的事情，更不用说做你喜欢的事情了？如果因为有很多事要做，让你感到有压力，这里有一个帮你减压的技巧：时间管理。

时间管理如何助你一臂之力

在忙碌的生活中，我们每天都有无数的任务需要完成。超负荷的安排和压力，就像一只看不见的"大老虎"，时刻威胁着你。为了避免这种情况发生，使用时间管理技巧至关重要。无论你有多忙，这些方法都可以帮助你根据自己的日程表合理安排各项任务。

保证充足的睡眠

如果你认为牺牲睡眠是解决时间不足的办法，请三思而后行。专家建议青少年每晚需要九到十小时的睡眠——睡眠不足不仅会让你感到疲惫不堪、压力倍增，还可能让你无法集中注意力，甚至产生悲伤或抑郁的情绪。睡眠不足的一个主要原因是日程过于繁忙——在学校经历了一整天的上课、体育运动、戏剧表演、工作或其他活动后，你可能直到很晚才想起做作业。

另一个因素是：研究人员发现了一个众所周知的事实——青

少年很难在晚上早早入睡。青少年的生物钟会使睡眠周期延后，早早地上床睡觉对于他们来说很难。缺乏充足的睡眠可能会导致白天梦游般的感觉，此时看不见的"压力老虎"伺机而动，步步紧逼。

确定事情优先级

时间管理工具可以帮助你确定哪些事情现在必须完成，哪些事情可以稍后再做。对任务进行优先级排序，明确哪些事情是最重要的，可以让你感到自己对生活更有掌控力，并摆脱那种一切都必须立刻完成的压力感。试试 ABC 法，这是一种简单的优先级排序系统，能帮你在众多任务中理出头绪。

ABC 法

1. 列出你近期需要完成的所有事项清单。

包括有明确截止日期的项目（比如任务），以及一周日常——比如与家人和朋友共度时光、购物、锻炼、家务和其他你要做的事情。

ABC 待办事项：步骤 1

－在家做家务（园艺）

－挑选送给妈妈的生日卡片

－备考周一的历史考试

－与马特组织田径训练

- 准备周五要交的英语论文
- 更换喜欢的耳机
- 练习冥想
- 给奶奶打电话
- 和安去看电影
- 为周三的面试做准备
- 给罗伯逊女士发邮件
- 去慢跑

2. 现在根据以下等级对清单上的每一项进行排序。

A——非常重要，需要尽快完成。

B——相当重要，但是可以等到 A 完成后再做。

C——做了也很好，但不是必须的。

比如，星期天是你唯一可以和爸爸一起在花园里干活的日子，那么它是一个最高优先级的事项——A 级。写英语论文很重要，但不是马上就要交，因此它可被标记为 B 级。你非常喜欢安，与她共赴电影之约固然愉快，但没有必要马上去，因此可以被划为 C 级。当你完成后，你的清单可能看起来像这样：

ABC 待办事项：步骤 2

A. 在家做家务（园艺）

B. 挑选送给妈妈的生日卡片

A. 备考周一的历史考试

C. 与马特组织田径训练

B. 准备周五要交的英语论文

C. 更换喜欢的耳机

B. 练习冥想

B. 给奶奶打电话

C. 和安去看电影

A. 为周三的工作面试做准备

A. 给罗伯逊女士发邮件

C. 去慢跑

3. 现在把所有的 A、B 和 C 组合在一起。

将它们分组后，将每组中的项目单独排序（因为每组中都有几个）。最重要的 A 级应该排为 A-1，其次是 A-2，以此类推。最后一步是把每一组按数字顺序排列。结果看起来像这样：

ABC 待办事项：步骤 3

A-1. 在家做家务（园艺）

A-2. 备考周一的历史考试

A-3. 给罗伯逊女士发邮件

A-4. 为周三的工作面试做准备

B-1. 挑选送给妈妈的生日卡片

B-2. 准备周五要交的英语论文

B-3. 给奶奶打电话

B-4. 练习冥想

C-1. 与马特组织田径训练

C-2. 去慢跑

C-3. 和安去看电影

C-4. 更换喜欢的耳机

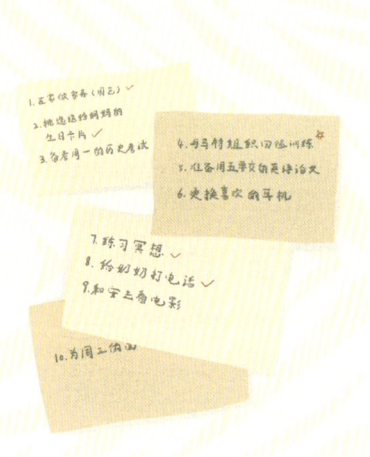

把待办事项排列好顺序之后，你会更清楚哪些事项是最重要的，哪些可以稍后再做。当你完成了 A 类任务后，就可以继续做 B 类任务，然后，如果有时间的话，再做 C 类任务。如果你没有时间把要做的事情都做完，那么你至少会知道重要的事情有没有被遗漏。你也会知道哪些事情不做也没关系。

你的优先级列表并不是一成不变的，因为你所面临的挑战可能会每天甚至每小时都在发生着变化。例如，你的英语论文的截止日期可能会推迟一个星期，或者你的朋友安直到下周末才有时间去看电影。当变化发生时，需要相应地调整你的优先级列表。你接下来要处理的任务也取决于当前的时间。例如，如果现在是晚上较晚的时间，出门为妈妈挑选生日卡片可能不太现实。然而，这可能正是进行冥想练习的最佳时机。

你的目标不是完成清单上的每件事。如果能做到，那当然很好，但是不要把自己逼得太紧，只要在有限的时间里尽力做到最好就行了。至少你会把重要的事情做完，明白这一点可以减轻很多压力。

如果你不对任务进行优先级排序，你可能会留下一大堆待办事项，产生"现在就要做所有事情，否则就会出问题"的心态。似乎每件事都在抢夺你的注意力，这几乎注定了你每天都会充满压力和恐慌。接下来的这部分内容将提供更多的时间管理策略，可以帮助你成为一个专家级"驯虎师"。

时间管理技巧

1. 给自己说"不"的自由。试图取悦他人而无法说"不"的人很容易感到不知所措——无论是在网上聊天，帮助别人完成一个项目，还是只出去闲逛。了解自己的极限，在时间不允许的时候谢绝邀请是很重要的。如果你觉得日程被各种活动塞满，甚至连处理 A 级任务的时间都没有，那么是时候开始对占用你时间的请求说"不"了。同时，看看列表底部的活动是否能去掉一些以解放你的时间。学会说"不"既是对自己的尊重，也能帮助你集中精力处理对你来说更重要的事情。

2. 知道自己什么时候处于最佳状态。知道自己在何时能发挥出最佳状态，有助于最大限度地发挥时间的价值。有些人在清晨学习最有效，下午则更愿意去运动；而有些人喜欢晚上安静地做作业，并在早上尽量多睡一会儿。如果你知道自己什么时候最适合做某项任务，那就试着在你的生活中安排好那段时间……然后拒绝任何电话、短信、电子邮件和其他干扰。当你每天都遵循类似的计划时，你可以更有效地完成各项任务。

3. **好好睡觉**。睡觉似乎不是一种完成任务的方法，但充足的睡眠可以帮助你精神焕发，准备好迎接一天的挑战。当你得到充足的睡眠时，你的大脑会更加警觉，并能保持最佳工作状态。你的身体也会得到休息，从而不会让你感到疲倦或无精打采。

4. **安排休息时间**。时间管理并不意味着要利用每一分每一秒去做事。休息很重要，充分的休息能让你保持警觉、高效工作。如果你在一篇论文上努力了很长一段时间，就应该花点时间站起来，伸个懒腰，或者吃点零食；做一些放松运动，像散步就是恢复注意力的好方法；听音乐或和狗狗玩耍都是很好的短暂休息方式，只要它们不让你分心就行。

5. **警惕浪费时间的事情**。花时间玩电子游戏、上网、与朋友联系或看电视是可以的，但要小心，不要过度。这些活动可能会让你一次沉迷几个小时。你可能无意中在休息时打开电视或开始玩电脑游戏，而没有意识到时间过得有多快——等你回过神来，可能已经是深夜了，你已经累了，但工作还没有完成。

6. **使用日历或计划表**。你可能会在学校使用作业记录本或其他日

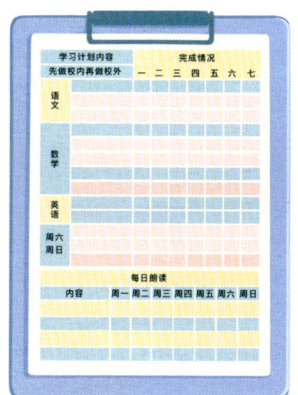

程安排工具，但你有记录生活中的其他事情的工具吗？比如课外活动、社交活动或家庭活动。一个计划表可以让你看到自己的日程安排，知道你要做什么，这样你就不会过度投入。你可以用一个普通的笔记本做计划表；大多数手机和电子邮件程序都有日程安排工具，你也可以用它们来帮助你更有效地管理任务。

当你进行任务优先级排序和时间管理时，你就可以在充满压力的混乱事务中创造秩序。掌控自己的生活可以给你一种成就感，并建立自尊。它还能帮助你掌控看不见的"老虎"，腾出时间做其他重要的事情——休息和放松。

深入探索

- 如何婉拒他人占用我们时间的请求？
- 青少年需要多长时间的睡眠？
- 有哪些适合青少年的好用的时间管理应用程序？

8

大胆尝试新事物

> "我为自己所做的事情感到骄傲，但我更期待未来。"
>
> —— 卡琳，16 岁

"每当尝试新事物时，我总担心会犯错。我希望自己能少一点恐惧。"　　　　　　——　特雷尔，15 岁

"生活在尝试新事物时最令人兴奋。"
——亚当，12 岁

"如果我不挑战自己，就感觉在原地踏步。"　　　　　——　布丽特，13 岁

　　听到"冒险"这个词时，你会想到什么？可能你和许多人一样，认为冒险不是什么好事，只会带来麻烦。虽然某些冒险确实是不好的（比如吸毒或做危险的特技表演），但积极的冒险是一种重要的技能，可以改善你的生活并减少压力。冒险有助于我们探索个人的兴趣和爱好，学习新的知识和技能，提升自尊和自我效能感，并且勇于直面挑战。相较于在舒适区内安逸度日，冒险能够推动我们突破自我界限，发掘自身潜能。

你是一个积极的冒险者吗？

　　这里有几个问题可以帮助你判断自己是不是一个积极的冒险者。你更愿意做以下哪一项？

- 是和熟悉的朋友出去玩，还是去结交新的朋友？

- 是选择一门参与过的轻松的课程，还是选择一门更富有趣味但颇具挑战性的课程？

- 是放学后坚持参与你熟悉的活动，还是尝试一些新的活动？

如果你和大多数人一样，那么第一个选项可能更具吸引力，因为它们既简单又舒适。尝试新事物可能会令人生畏，因为你在冒险——冒着新朋友不喜欢你的风险，冒着你在课堂上表现不好的风险，冒着你第一次尝试就做不好某件事的风险。

投身挑战需要勇气。你可能不知道你将面临的是什么，你目前的知识和经验水平可能不足以让你度过难关。感到不确定是很正常的，会有很多"如果"（"如果我在台上出丑怎么办？"）和"但是"（"我想为团队争光，但是我从未参加过团体运动"）。但是选择不去做一些事情，你就无法实现改变或发挥出你的全部潜力。

神奇的大脑

你知道吗？人类的大脑非常灵活。大脑是由数十亿个神经元组成的，当面对新的问题或挑战时，这些神经元就会发生变化去适应。研究人员通过脑部扫描发现，人们在学习时，前额叶皮质区域的神经元活动会变得异常活跃。这意味着什么？在学习一门学科或练习一项技能时，会形成新的神经通路，让我们在工作中更有见解，更有效率。例如，学习一门新语言时，大脑在学习和实践中不断得到锻炼，它会变得更善于回忆词汇。正是通过不断地自我挑战，我们学到了宝贵的知识，并在成长的道路上迈进了一大步。

从小事做起，给自己学习的机会

在冒险的时候，切勿急于求成。相反，可以先尝试跨出一小步。比如，你决定要跑马拉松，如果比赛在明天举行，你可能难以做到。标准马拉松全程为 42.195 千米，即使对有经验的跑步者来说，这也是一段很长的距离。在没有充分准备的情况下参加比赛，显然不是一个明智的选择。但是你可以循序渐进——比如和学校的教练谈谈跑马拉松需要做哪些准备，制订一个训练计划来逐步提高你的耐力。当对挑战有了更多的准备和了解，你会更加自信地迈出下一步……一步接一步，直到你冲过终点线。

关键是，在冒险或尝试新事物时，每一小步都很重要。不断达到小的里程碑会让你保持动力，你所取得的进步也能让你更有信心去面对未来的挑战。

避免完美主义

对于那些总是追求即刻成功，并且要求自己在所有事情上都尽善尽美的人来说，冒险往往是一件很困难的事情。这被称为完美主义，这对人们来说很难，因为他们的自尊每时每刻都承受着高标准带来的巨大压力。通常这些人在生活的各个方面都严格要求自己。

由于人类本就无法达到绝对的完美，因此完美主义往往会让人感觉到自己总是不够好。许多完美主义者因此陷入沮丧或绝望的情绪中，因为他们发现自己无法达到自己设定的极高标准。因为完美主义使人们不敢冒险或尝试新事物，这成了成长和改变的巨大障碍，同时也导致人们在行动上变得犹豫不决。

例如，一个完美主义者可能会一遍又一遍地做同样的任务，力求做到最好——即使第一次已经做得很不错了。虽然我们有时都会有点完美主义，但对有些人来说，完美主义已经影响到他们生活的方方面面。想要知道完美主义对你的影响有多大，请做下面的测试。阅读每一条陈述，然后用数字来表示你的同意程度。你可以把数字写在一张纸上，最后把它们相加得出总分。

你是完美主义者吗？

评分等级

+2 = 非常同意　　　+1 = 有点同意　　　0 = 没有感觉

−1 = 有点不同意　　−2 = 非常不同意

1. 如果我不为自己设定最高标准，我就是一个失败者。

2. 如果我犯了错，人们就会低看我。

3. 如果我做不到非常好，那我宁愿不做。

4. 如果我犯了错，我会感到不安。

5. 如果我足够努力，我应该能够在任何事情上表现出色。

6. 表现出任何弱点都是不成熟的。

7. 我不应该重复犯同一个错误。

8. 把某件事做得平庸是令人不满意的，也不值得去做。

9. 失败让我觉得很难堪。

10. 对错误感到沮丧将使我下次做得更好。

五种对抗完美主义的方法

回答完问题后，把你的分数加起来。分数在 0 分以上表明你有一些完美主义倾向。如果你的分数很高（比如 15~20 分），可能生活对你来说相当有压力。如果你感到这种压力，和父母、咨询师或其他值得信任的成人谈一谈是很重要的。这里有五种对抗完美主义的方法。

1. 允许自己犯错。提醒自己，你不必做到绝对完美，我们都是人，犯错误没什么大不了的。当你在做某件事的时候，要这样想："我知道我可能做得不完美，但没关系。错误可以帮助我学习，尽我最大的努力就足够了。"在你做事情的时候不断重复这个想法。

2. 为你的任务或活动设定明确的时间限制。你有没有因为想把某件事做得完美而花费了太多时间？也许你有这样的感觉，无论你在一个项目上投入了多少努力，你都必须继续完善它。为了防止这种情况发生，在你开始做一件事之前，想想这件事应该花多长时间。在这个时间内专注于它，到时间就停下来。如果你觉得你需要在某件事上花更多的时间，可以和老师交流一下，听听他们中肯的意见。

3. 说服自己摆脱消极想法。尝试用积极的自我对话来减少消极想法，方法之一是凡事往积极方面想，让积极想法超过消极想法。每当脑海中浮现出一个消极的想法时，就努力想出五个积极的想法来平衡。在后文，你可以深入了解更多关于积极自我对话的技巧。

4. 正视家庭中的完美主义。通常，青少年会从父母或其他家庭成员那里"继承"他们的完美主义特质。也许你周围的成年人都是完美主义者，而你已经学会了这种行为。或者你觉得周围的人希望你在学校或其他活动中表现完美。如果你生活在一种"永远不够好"的感觉中，和一个你信任的成年人——一个不会给你压力的人——交谈是很重要的。从你的角度来看待这种情况，为你和家人讨论这个话题提供想法。

5. 让自己休息一下。想要在学校和其他活动中做到最好是很正常的，但同样重要的是，也要做一些纯粹为了好玩的事情。让自己置身于这样的环境中：你不用担心自己表现怎样，只是享受某一项活动，如散步，看电影，扔飞盘，给家人打电话，或者做任何你喜欢做的事情。

冒险是好是坏？

你如何判断冒险是好是坏？想想最坏的结果。你或其他人的安全会受到威胁吗？会导致财产损失？这是违法的吗？会伤害到别人的感情吗？如果以上任何一个问题的答案是肯定的，那么这是一个很糟糕的冒险。如果可能发生的最糟糕的事情仅仅是有点尴尬，那么这个冒险可能是值得一试的正面冒险。想了解更多关于评估冒险的信息，详见后文"周全考虑，明智决策"的有关内容。

积极挑战自我的 20 种方法

1. 成立一个小俱乐部

2. 结交新朋友

3. 参加学生会竞选

4. 请求帮助来制作一份工作简历

5. 在课堂上积极发言

6. 选修具有挑战性的课程

7. 坚持自己的立场

8. 参加学校的演出

9. 避开争斗

10. 开始写博客

11. 参加才艺比赛

12. 尝试加入一个团队

13. 组建音乐团体

14. 学会拒绝，即使这很难做到

15. 在社区做志愿者

16. 创作自己的漫画

17. 与他人分享你的创意写作

18. 成为别人的导师

19. 加入学校乐队

20. 尝试烘焙

寻求支持并庆祝成功

冒险并不意味着孤军奋战，不用他人的帮助。事实上，从他人那里获得鼓励和建议非常重要。父母、祖父母、姑姑、叔叔、朋友、邻居、社区成员、某个领域的专业人士以及其他你信任的人都可以在你遇到困难时支持你。也许有时事情不会按照你的计划进行，但这些人可以帮助你重回正轨。冒险和支持是相辅相成的。

庆祝成功也很重要，即使它们看起来是很小的事。重大成就通常不会一夜之间实现。相反，它们是在较长时间内所取得的小成就不断积累的结果。在你不熟悉的领域完成的每一步都值得被认可和庆祝——它们是你朝着目标不断迈进的证据，也是极好的动力来源。你甚至可以为自己的成就设计一个奖励机制，每达成一个目标就给自己一些奖励。

深入探索

- 离开自己的舒适区意味着什么？
- 高中生可以尝试哪些积极的冒险？
- 完美主义对青少年有什么危害？
- 为什么完美主义者会拖延？

9

考虑周全，明智决策

> "即使我明确表示不愿意，我的朋友们还是会经常强迫我做事。做自己并同时被接纳有时很难。"
>
> ——乔纳，14岁

> "我喜欢当我做出正确决定时的那种感觉。不管我的选择如何，那些我真正的朋友都会喜欢我。"
>
> ——海莉，13岁

"如果我不喜欢某种情景，我就会离开。就这么简单。"

——多米尼克，15 岁

"我过去很容易生气，做一些让情况更糟的事情。现在我在行动之前会好好想想该怎么做。"

——奥利维亚，16 岁

想象一下，当地震来袭，周围的一切都在剧烈晃动——建筑物摇摇欲坠，脚下的人行道前后扭曲，左右倾斜，这会是一种怎样的体验？再想象一下，长期处于这种环境之下，地面不停地摇晃，你总是处于一种惴惴不安的状态，无所适从。在巨大的压力下，你不知道该如何抉择时的感觉，就像站在摇晃的大地上。而这时，决策能力就像一盏明灯，它能帮你找到坚定的个人立场，缓解你所承受的压力。

决策的力量

生活的好坏在很大程度上取决于我们所做的决策。小时候，许多决定都是由家人或他人代替我们做的。然而，随着我们成长，尽管我们仍然会接受成人的指导并遵循一些规则，但我们需要逐渐学会自己做出更多的选择。这种新的自由也意味着更大的责任。特别是在面临压力时，做出明智的决策并不总是那么容易。因此，记住决策的基本原则至关重要——因为每一个决策都可能深刻影响着我们的未来。

如何判断决定的好坏?

1. 这会让谁陷入危险境地吗?

2. 这会让谁感到不被尊重或被羞辱吗?

3. 这会导致谁的财产被盗或受损吗?

4. 这个决定会使情况变得更糟吗?

5. 我会违反任何法律吗?

6. 我需要对某事撒谎吗?

7. 我会加剧冲突吗?

8. 我会因此而惹上家庭、学校或法律上的麻烦吗?

9. 我会让人失望吗?

10. 事后我会对自己感到不满意吗?

除非你能够对每个问题都毫不犹豫地给出"否",否则你真的需要仔细思考你的决定是否明智。在做出重大决策时,向父母、咨询师、可信赖的朋友、导师或其他有经验的成年人寻求意见,无疑是一个十分明智的选择。

压力下的决策之道

许多因素都会妨碍我们做出明智的决定——激烈的情绪尤其如此。在我们陷入困境时，愤怒和其他强烈的情绪可能促使我们做出冲动的反应。通常，当我们失去控制，不假思索地行动时，我们可能会采取暴力、辱骂、大声喊叫、威胁他人、使用贬低语言、破坏物品或反抗权威的行为。

当你感到有压力，感觉自己快要失控时，该怎么做才能保持清醒的头脑呢？

身处难关时的 10 条建议

1. 暂时离开。暂时离开当前的情境，哪怕只是片刻，深呼吸几次，努力整理思绪。从 10 开始倒数到 0，保证在倒数结束之前，不会轻率地采取任何行动，也不会冲动地说出任何言语。

2. 权衡利弊。为了拓宽选择范围，列出三种可能的解决方案，选择越多，做出正确选择的可能性就越大。如果条件允许，建议你与信赖的人沟通，汲取不同观点，共同探寻问题的解决方法。这样做有助于你在面对困境时更加明智、从容地找到出路。

3. 预想后果。深入思考你的选择可能会带来的连锁反应——如果你做出了错误的决定，最严重的后果将会是什么？是否会有人因此而受到伤害？你自己是否会因此陷入困境？尝试将自己置身于那种可能的情境中，想象一下你会有什么样的感受。同时，也要考虑周围的人会有什么反应。

4. 报复行为会加剧事态的恶化。 如果你是在愤怒的情绪下对某人的行为做出反应，那么你很可能无法做出明智的决策。仅仅因为别人做出了愚蠢的举动，并不意味着你就有报复的理由。相反，你应该意识到，有时候人们可能只是在试图激怒你。在面对这种情况时，要保持坚强、理智和冷静，不要被情绪左右，以免做出冲动的决定。

5. 忽略负面评价。 如果有人当面或背后贬低你，不必过于介怀。倘若有人想自毁声誉，就由他们去吧，但你不要与他们为伍。当他人看到你对他们的行为无动于衷时，他们自然会觉得索然无味。

6. 使用积极的自我对话。 使用积极的自我对话，能够显著影响我们在面临艰难抉择时的行为和情绪感受。当你在压力下感到犹豫不决时，试着这样告诉自己："虽然现在我感到紧张，但我有能力保持冷静，并且我能以积极的心态来应对这个挑战。"这种自我肯定的心理暗示将赋予你一种掌控感，帮助你更好地把握和处理当前的局面。

7. 采用"我-信息"的表达方式。 与他人发生冲突的时候，建议使用"我-信息"的表达来解决问题，而不是指责对方，否则可能会使冲突升级。"我-信息"的表达方式在向上级陈述自己的情况时非常有效。比如，你可以说："因为刚才的事情挨批，我感到很沮丧，我希望能够谈谈这件事。"这么说比直接愤然冲出教室更好。

8. 向别人倾诉。 在某些情况下，换一个角度来看问题可能更有帮助。与一个善于倾听的人探讨你的决定能帮你理清思路。如果有什么困扰你的事情，可以跟家里的成年人、老师或其他你信赖的成年人交谈。

9. 离开。在面对难题时，有时最好的办法就是离开。不妨分道扬镳，起身走人。适当的距离和时间能够为你提供全新的视角。当然，大多数的重大挑战最终还是需要我们去直面，但是当面临压力时，为自己创造时间、空间和心理调适的机会，可促进对问题的再评估和认知重构。

10. 识别情绪即将失控的预警信号。当我们的情绪被高度激活，可能会做出一些让自己后悔的行为时，我们通常会有一定程度的自我觉察。关键在于，我们要学会捕捉这些微妙的预警信号，一旦察觉，就立刻让自己稍作休息。独处时，我们可以尝试本书提到的专注式呼吸法、积极的自我对话，或是其他有助于平复情绪的方法，来调整和改善我们的情绪状态。

应对同伴压力

有时候，你是不是感觉每个人都以为他们知道什么最适合你？长辈或朋友可能会对你说"你会在这个派对上玩得很开心"或者"你肯定会喜欢上这个男孩"。这些预测的准确性通常会受个体主观感受和经验差异的影响，因为每个人的情感反应和偏好都具有独特性。

有时，我们可能会因为渴望被喜欢和接纳，而被迫去做一些并不感兴趣或者不舒服的事情。同伴压力是一个普遍存在的问题，它之所以如此强大，主要源于个体对群体认同和接纳的深层次需求。以下是一些建议，可以帮助你在面对同伴压力时保持自我。

1. 直截了当。在保持礼貌的前提下，明确告诉别人你不愿意做的事情，请他们停止对你施加压力。你可以简洁地给出你决定的理由，但无需过多解释。

"我不想抽烟，不要再说了。"

"你们继续吧，我得回家了，我妈妈在等我。"

2. 提出备选方案。 提出备选方案是一种既能坚持自我，又能避免直接冲突的策略。当你面临一个你不想参与的活动或提议时，你可以提出一个替代性的建议。这样，你既表达了自己的不满和拒绝，同时也给出了一个积极的解决方案，有助于维持和谐的气氛。

"我今晚真的不想跟那帮人有任何冲突。我们去吃点东西怎么样？"

"我不打算在网上发布关于萨拉的内容。我们发布一些时尚贴士如何？"

3. 开个玩笑或转移话题。 面对不适或者充满压力的时刻，开个玩笑或者转移话题是一种温和而有效的方式，能让对方知道你对当前的话题或计划不感兴趣。

"不行，那东西让人看起来像僵尸一样。"

"啊，我不太想做那个。不过，你周四晚上要去看球赛吗？"

有时候，即使是你非常亲近的人，也可能无意中试图影响你的思想和行为。如果你被迫做一些与你个人意愿不符的事情，让你感到压力很大，那么与那个人进行坦诚的对话是非常必要的。在此过程中，你需要明确地阐述你所承受的压力，以及你期望对方能够做出的具体调整或改变（对于这种讨论，你可以参考书中介绍的 ASSERT 公式）。你真正的朋友会倾听你的想法，并尊重你的决定。

易冲动的大脑

研究人员发现，我们的大脑发育时间要比以前认为的更长——人类通常要到 25 岁左右，大脑才真正发育成熟。在青少年时期，前额叶皮质快速发育——这一区域负责逻辑推理和冲动控制。由于前额叶皮质还在发育中，青少年可能会被高风险的情况所吸引，并且可能会在没有考虑到行为后果的情况下做出决定。

深入探索

- 人类大脑在多大年龄时完全发育成熟？
- 前额叶皮质有什么作用？
- 青少年大脑中的执行功能是什么？
- 激素如何影响行为？
- 什么是身体扫描？

10
选择积极的视角

"我从未意识到我们的想法对我们的感受有多大的控制力。现在，我通过思考来让自己感觉更好——而不是更糟。"
——曼努埃尔，16岁

"当我需要振作起来时，我会寻找有趣的视频。开怀大笑一场能够帮助我看到事情的另一面。"
——艾米莉亚，15岁

"如果你一直称自己为失败者，你最终会觉得自己真的是个失败者。"
——亚伦，14岁

> "积极的态度能够决定是度过美好的一天还是糟糕的一天。"
>
> ——凯莉，13 岁

压力带给人的感觉往往是自尊低下，无比焦虑。随着压力感受的不断加深，你会感到喘不过气来，就像一个人站在丛林中迷失了方向，不知道该去往哪里。如果这种状态一直持续下去，你可能会对生活丧失希望。

但是，当你感觉看不见的"老虎"正在逐渐逼近时，还有一些技巧能够派上用场。这些技巧很容易学会，完全免费，而且能现学现用。要领就是，用积极的心态面对生活。

看到积极的一面

"看到积极的一面"意味着要记住你和生活中的一切美好之处。虽然听起来可能过于简单，但它确实有效。毕竟，压力是个体对周围环境的一种主观反应，所以你对世界的看法和思考会直接影响你的感受。你是否曾经因为一点小事就感到沮丧或者抑郁，然后这种情绪就像在你的大脑里滚雪球，由一点小问题演变成一个巨大的心理负担？当我们过于关注焦虑或恐惧的想法时，就好像在用一个放大镜看待它们，这会使它们看起来要比实际情况更严重，甚至可能逐渐导致我们的情绪失控。专注于消极的事情只会让你成为自己心中最可怕的看不见的"老虎"。

反之亦然。当你持有积极的自我认知和生活态度时，你就不会感到那么有压力和紧张了。与其沉湎于可能发生的负面的事情，不如专注于你的优势和能力，这有助于你更有效地应对挑战和困难。确实，悲伤或压力情境难以避免，你仍然需要应对，但当你能看到积极的一面，发现自己内在的优点以及身边关心你的人时，你就更有力量去度过艰难的时刻。这就是为什么人们常说，生活在于保持正确的态度。

如何才能看到积极的一面呢？就像通过力量训练可以增加肌肉一样，你可以通过练习积极向上的想法来拥有更积极的态度。想想你生活中的美好部分，把它们写在一张清单上。包括你喜欢的事物、你关心的人、你的才华、成就和任何你欣赏或引以为傲的事情。

我所感恩的事情

- 有一个安睡整晚的地方。
- 美味的食物，尤其是配有香蒜酱和蘑菇的意大利面。
- 健康的身体。
- 美满的家庭。
- 我的科学技能。
- 我的猫。
- 我最喜欢的卫衣。
- 汤姆、里卡多和其他的朋友们。
- 我对他人的善意。
- 我们战无不胜的足球队。
- 生活在一个自由的国家。

完成后，仔细看看你的清单。重要的是要懂得欣赏你自己，还有你生活中的所有美好。随身携带清单，经常拿出来看看。当有新的值得感恩的事情出现时，记得把它们加进去。

积极的力量

积极的思维方式会对一个人产生很大的影响。研究表明，乐观的人不仅心理上更健康，身体也会更健康。乐观有助于保持心肺健康，增强免疫系统功能，使你更少生病。甚至有研究表明，患有严重疾病的人如果保持幽默感和乐观的人生态度，他们会活得更长久。

积极的自我对话

我们经常在有意或无意间自我对话。如果我们真的把这些对话说出声，这听起来有点奇怪，而且我们可能不喜欢听到这些话从自己口中说出来。自我对话在很大程度上会影响我们的感受。积极的自我对话是培养我们用积极的观点看问题的另一种方式。

发现生活中积极的一面

与其说："我太胖了，难怪其他同伴总是取笑我。"

试试说："我是一个好人，值得被尊重。"

与其说："我永远无法提高我的成绩。"

试试说："我很聪明，也愿意努力学习。我可以和老师一起努力，争取取得更好的成绩。"

与其说："其他同伴不喜欢我，因为我有时会表现得有点笨拙。"

试试说："我有很多优点，并且乐于与他人分享。"

与其说："我什么都做不好，活该过得这么辛苦。"

试试说："我是一个独特的人，拥有许多才华。我渴望并且应该拥有美好的生活。"

与其说："一切都失控了，我将无法重新掌控我的生活。"

试试说："我有能力解决自己的问题，只要我做出正确的决策并寻求他人的帮助。"

与其说："我想学跆拳道，但我觉得自己不擅长。"

试试说："我很有信心，如果有一个好的教练，我一定会成功的。"

用积极的想法取代消极的想法，可以大大改变你自己和对生活的感受。关键是要持之以恒——每当你头脑中出现消极的想法时，立刻用一

个积极的想法来取代它。这样一来，你就能成为自己最亲密的伙伴，增强自信心，并驯服内心看不见的"老虎"。

保持轻松的心态

还有一种方法能帮助你从积极的角度看问题，那就是发现生活中幽默的一面。有时，我们会对生活中将要发生的事情感到紧张或害怕，这是可以理解的。对于新闻中一些困扰世界的事件，我们会感到担心，这也是很正常的。然而，持续的焦虑和恐惧状态对心理健康是有害的。所以，我们要尽量保持一种轻松的心态——笑对一切，以更加乐观和客观的态度去看待问题。

科学研究已经明确表明，幽默对我们的身体和情绪状态具有显著的积极影响。大笑会引发一系列积极的生理反应，如增加呼吸频率、促进氧气交换、提升肌肉活动和心率，还会刺激脑垂体，使你保持良好的生理状态。简单来说，幽默对你大有好处。你不妨现在就笑一下，看看会发生什么！

但是，有时笑起来很难，比如在压力很大或发生了不好的事情的时候。而且，非常害羞的人也很难展现轻松的一面。在这些情况下，你可以用自己的方式去处理，但别忘了一句老话：笑是最好的解药。下面是一些能让你放轻松的方法。

五种放松的方法

1.多和那些快乐、幽默的人一起玩。和积极、有趣的人在一起会让你心情愉快。你的安全网里一定要有这样的朋友。

2. 看些让你感到开心的电影和电视节目。如果你要在看一部喜剧或温馨的电影，和一部非常悲伤或令人不安的电影之间做选择，那就选择那些能让你开心的电影。

3. 在网上找找有趣的视频和搞笑网站。发现了有趣的视频资源，把它们分享给家人和朋友，把快乐传递下去。

4. 每天都看一看自己喜欢的漫画。这些都能在网上找到。

5. 每周学一个笑话，然后讲给身边的朋友听。就算有些笑话有点老套，或者有点尴尬，这种习惯也是让别人开心的一种有趣方式，也会让快乐传递下去。

从积极的角度看问题，对于保持良好的心情非常重要。这有助于我们在面对生活的压力和挑战时保持积极的心态，并且正确地看待问题。如果你半信半疑，不妨试一试用这种方法过一天，看看会发生什么。从积极的角度看问题，可以帮助我们迅速找到幸福感和满足感。

深入探索

- 什么是感恩？
- 大笑的时候，大脑会释放哪些化学物质？
- 乐观对心理健康有什么影响？

管理"数字老虎"

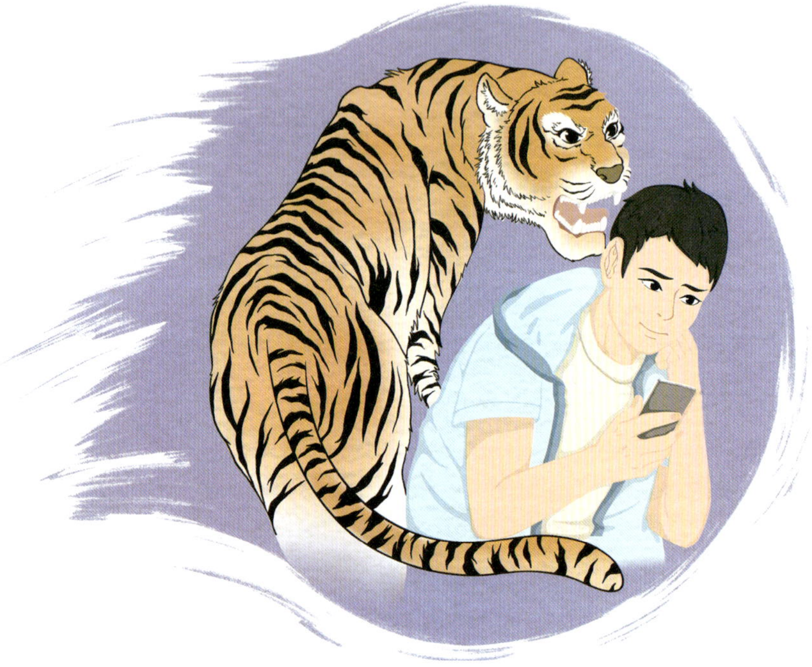

> "有些人在网上散布别人的谣言，实在是无聊透顶。"
>
> ——克拉拉，16岁

> "每当我的手机坏了，我就会感到手足无措。我之前没意识到自己对它这么依赖。不对，它是必需品！"
>
> ——泽维尔，17岁

"我的熟人都在网上，我必须知道发生了什么。"

——娜奥米，15 岁

"放学后我会立刻开始玩游戏，这是我放松的
方式。"   ——德肖恩，14 岁

除了现实生活（做家务、上学等），我们还在网络世界过着另一种生活。我们能即刻接触到全世界的知识，不用离开自己的卧室就可以和住在城市另一端的朋友玩视频游戏，我们几乎可以在地球上任何地方与朋友、家人和熟人保持即时联系。然而，虽然数字世界带来了很多便捷而美好的生活方式，但同样也给现实世界带来了压力，影响着使用它的孩子们（和成人）。很快，我们就会发现自己被"数字老虎"包围了！

"数字老虎"非常狡猾。你可能以为，在社交媒体上刷动态，或在群聊里和朋友互发消息可以帮助你放松，或让你忘掉所面临的现实压力。但研究表明，今天的青少年从未体验过离开屏幕的生活，他们比其他几代人经历了更高程度的焦虑、抑郁和孤独。换句话说：我们创造了一个与现实世界一样充满压力的数字世界！

事物都具有两面性，上网也有其好处和坏处。近年来，科学界开始更深入地探讨在日常生活中大量使用数字技术的潜在负面影响。你可能听说过药物成瘾，这种现象与药物成瘾有一定的相似性。在药物成瘾的情况下，个体定期服用药物后，身体会逐渐产生对该药物的依赖和渴

求。长期过量服用药物可能会引发一系列副作用，对身体健康构成威胁。在数字世界中，这种问题同样存在。

康森斯媒体（Common Sense Media）2016 年的一项调查显示，一半的受访青少年表示，自己对数字设备上瘾。他们觉得自己需要"立刻回复短信、社交媒体动态和其他通知"。另一项研究揭示，每天玩电脑和视频游戏超过三小时的人，他们的脑部扫描成像与药物成瘾者相似。

虽然花些时间上网是有益的，比如你可以做一些学校的论文研究、与朋友联系，或者在线听你最喜欢的歌手的歌曲。但是，过多地盯着屏幕会将你拉入一个数字的漩涡，其中埋伏着一些看不见的"老虎"。一不小心，紧盯屏幕的时间可能会开始取代那些用于其他重要活动的时间，比如户外活动、体育活动以及与家人和朋友进行面对面的交流时间。

警惕"数字老虎"

我们常常认为，数字世界是我们可以随意开启和关闭的东西，因此往往没有意识到屏幕对我们的控制和影响力有多大。当我们的防御变得如此薄弱时，"数字老虎"就会伺机出击。

如果你不确定自己对数字设备是否过度依赖，这里有一些问题可以进行自测：

- 你是否感觉自己花在屏幕上的时间太多，或者你身边的大人是否这样说过你？

- 如果你的屏幕时间被切断或限制，你是否会感到不安、愤怒或充满压力？

- 网络活动是否给你的生活增加了压力、焦虑或者麻烦？

- 比起和家人享受欢聚的时光，你是否更愿意在屏幕前度过？和面对面交流相比，你是否更倾向于在线交流？

- 如果一小时内没有智能手机、平板电脑或互联网连接，你会感到不知所措吗？一整天呢？一周呢？

- 你是否经常在网络中忘记时间，以至于没完成作业或忽略了家里的事？

- 网络游戏是否已成为一种习惯，或者更糟，变成了一种需求？你是否感觉自己安排一天的活动，就是为了能尽快回到游戏中？放学后做的第一件事就是玩游戏？

- 你有没有尝试减少上网时间，但是失败了，然后发现自己又回到了屏幕前？你有没有对任何人撒谎，隐瞒你上网的时间？

如果这些问题中你有三个以上回答了"是"，你就有可能正遭受屏幕驱动型压力。大部分时间沉浸在屏幕中的二维世界里，会让你很难去提升生活质量、加强友谊、朝着人生目标前进，或成为一个更快乐的人。那么，这可能是重新思考你与屏幕关系的时候了。

驯服"数字老虎"

这里有一些建议，可以帮助你深入理解数字世界潜藏的危险。即便你只有一点点被屏幕侵蚀的风险，这些建议也能助你有意识地掌控它们，避免在数字世界的迷宫里失去方向。

远离数字世界的"快餐"

如果你的在线时间主要是随意网上冲浪、消磨时光、不停地刷新点赞和评论、阅读他人的动态分享，或是接收满是负面信息的新闻，这和吃垃圾食品没什么两样。偶尔享受一下问题不大，但长期大量摄入这样的"数字快餐"，从长远看，对你的健康毫无益处。

你听说过 FOMO 这个词吗？它是"错失恐惧症"（Fear Of Missing Out）的简称。当你花大量时间关注他人（大多是陌生人）的在线生活时，你就可能会产生这种感觉。你可能会觉得，与他们分享的精彩和刺激生活相比，你的生活简直平淡无奇，这会降低你的幸福感。你可能还会因为自己获得的点赞数不如他人而感到充满竞争和压力。你甚至可能觉得，比起那些天天刷屏的人，自己在朋友圈里没那么吃香。

屏幕时间能暂时分散你对现实生活的注意力，让你觉得自己在忙些重要的事情，还能跟人建立一些表面的联系。但最终，太多的"数字快餐"只会让你不开心、感到孤单，并渴望获得实质性的满足。数字世界确实精彩，但就像逛一个大型超市，你需要知道什么对你有益，什么又是有害的，然后做出明智的选择。

将人际关系置于屏幕之前

我们是社会性动物，而网络上的互动营造了连接的错觉，实际上，它并不能完全替代面对面的交流。你并不需要完全放弃网络上的关系，但你可能需要考虑减少在线上交流的时间，增加与人面对面交流的时间。真正的友情，是在长时间面对面的相处、深入讨论生活和分享感受的基础上建立起来的。

区分现实世界与虚拟世界

IRL（in real life）是网络上常用的缩写，意思是"在现实生活中"。这种说法用来描述人们在非数字化世界中的日常交往。我们之所以把它称为"现实生活"，说明我们意识到网络上的交往有时并不真实，但它有时候很难分辨，特别是在处理人际关系时。

请记住，并不是所有的网络内容都是它展现出来的样子。你可能已经知道，互联网上的信息并不都是可信的，你听说过所谓的假新闻（指那些发布未经证实的虚假故事的新闻网站），也知道任何人都能够编辑维基百科页面，随意添加内容。人们在网络上展现自己的方式也是这样。

下次当你发现自己因为别人发布的照片或信息而羡慕他们的生活时，要记住，他们仅仅是在展示他们愿意让你看到的美好一面。每个人都有自己的烦恼，只不过他们不会让你看到。实际上，在网上炫耀可能是他们处理问题的一种方式。重点是，不要完全相信别人，特别是那些你从来没见过的人在网络上发布的关于自己的说辞。没有人的生活是完美的。

远离负能量的人

有些人，无论是在线下还是线上，都会对你产生负面影响。他们可能会制造一些关于你或其他人的舆论，让你感到尴尬或者羞耻。负能量的人是那些散布让你感觉不适、带有伤害或增加你恐惧和压力的消息的人。他们可能会威胁你，用公开你的隐私来敲诈、恐吓或胁迫你，或者不断通过数字方式骚扰你，让你喘不过气来。这些人就像毒药，会让你身心俱疲，务必不惜一切代价远离他们。

如果在网络上遇到负能量的人时，不要搭理他们。如果这个方法无效，最关键的做法是断开与他们的联系，阻止他们访问，并更改你的隐私设置。如果你仍然受到攻击，那就要寻求成年人的支持，请他们帮助你处理这些问题。就像对待任何一种毒药一样，对待这种人，应该立即采取行动，这会减轻你的压力，大大改善你的生活。

给手机或电脑屏幕放个假

如果仅仅是想到暂时不用屏幕就让你感到不安，那可能真的是时候给自己放个假了。想想看：因为沉迷于网络，你放弃了哪些活动？如果你能每天把屏幕放一放，比如晚上 7 点后不用，或者连续一整天甚至一周不碰屏幕，你的生活能在哪些方面得到改善？就像去遥远的国度度了个假一样，你很可能会满载而归，心情愉快，精神焕发。

掌控你的屏幕

你可以有意识地规划你的屏幕时间，而不是被屏幕所掌控。这里有几种方式，可以帮助你重新定义与屏幕的关系。

在你最喜欢的应用商店搜索"数字健康"或"屏幕时间"，你会找到许多应用程序，帮助你控制你的手机屏幕时间。安装后，手机会在短时间内自动锁屏，避免过度使用。

• **第一步是弄清楚你在屏幕上花费了多少时间。** 试着在一天内留意或者记录下你查看手机短信、消息或查看社交媒体更新的次数，以及你花在看视频或在线游戏上的时间。

• **试着几小时不用你喜欢的电子设备。** 过一段没有电子设备的生活，看看你会有什么新体验。刚开始，你可能会因为没有屏幕的陪伴而感觉不自在，有点像是戒毒的感觉。为了适应这种状态，

你可以在这段时间内进行一些有意义的活动，比如读一本好书，出门慢跑，或者尝试一些正念练习。

• **制订一个屏幕时间管理计划。** 每天为自己安排一个固定的上网时间，或者规定什么时候能用屏幕，例如，上学前和晚上 10 点后禁止使用。先从小处着手，看看会发生什么，然后再适时进行调整。

谨慎使用屏幕

如前所述，并不是数字世界里的所有东西都像看起来那么简单，包括人在内。你无法验证他们在网上分享的个人信息是否属实。你无法确定他们的真实年龄，以及他们的照片是不是本人。当然，这是数字环境潜在的危险之一。这里有几个小技巧，可以帮助你安全使用屏幕。

• 网络人气不代表一切。有些人痴迷于更多的在线好友或者粉丝数量。然而，获得大量的匿名粉丝并不能真正提升你的自我价值感，反而可能存在风险。这些和真正的友谊无关，甚至可能会使你感到更加孤独和疏离。

• 学会使用隐私设置，确保只有得到你认证的网络联系人才能看到你的资料，把不熟悉的人拒之门外。

• 避免公开任何个人身份信息，或让别人在现实中轻易找到你。在公开资料中，谨慎透露个人信息。切勿公开你的住址、电话号码或学校名字，特别是在上传照片时更要注意。对你在数字空间发布或通过短信发送给别人的照片类型一定要慎重。网络上发布的任何内容都有可能被永久保存。绝对不要泄露你的密码。

• 网络上有人专门花时间去占别人便宜，儿童和青少年尤其容易成为目标。他们会表现出愿意聆听你的烦恼，看似真的能够理解你所经历的一切。但是，请记住，即使有些人表面上看起来无比友好，事实也很可能不是那样。如果他们让你发送裸照，或约你在某个地方见面，那他们很可能不是真正地关心你。遇到此类在线行为时，应当立刻告诉一个可以信赖的成年人。同时，要远离色情网站，这些网站常常充斥着网络掠夺者，以恶意软件、间谍软件和病毒而闻名，这些都可能感染你的电脑系统。

- 如果有司机在驾驶过程中发短信，应当告诉他这样做会存在安全隐患，明确指出驾驶时发短信的危险性（而且有可能要承担法律责任），并要求他立即停止。每年有超过 150 万起交通事故和将近 50 万人员伤亡是由驾车时发短信造成的。你绝对不想成为这些数字中的一员。

深入探索

- 屏幕时间过长对大脑发育有什么影响？
- 青少年开车时发短信的统计数据是怎样的？
- 做一个关于网络成瘾的快速自我评估。

第 三 章

"虎"口逃生急救法

"我害怕失败，或者害怕自己做得不够好。"

"我已经尽力了，可似乎永远无法完成我应该完成的所有事情。"

"我总是感到疲倦，我觉得我快要生病了。"

"我对自己和我所做的事情都不满意。"

"我感觉自己总是在独自面对问题，没有人关心和理解我。"

"我的生活没有方向，我对什么都不关心。"

感到自己已经达到承受的极限是非常可怕的。首先要明白，你并非孤身一人。很多人在面对困境时会感到不知所措、恐惧、迷茫或抑郁。

重要的是要认识到自己何时需要帮助，并以积极的方式采取行动，让自己感觉更好。

何时寻求帮助

识别压力过载的迹象非常重要，这样你就知道何时需要求助。以下是一些信号：

1. **总是感到愤怒**。如果感觉自己总是很易怒，可能是积累的压力影响了你的情绪。你也可能会发现自己经常与老师、同学和家人争吵。

2. **睡眠习惯改变**。如果承受着巨大的压力，你很有可能难以入睡或者总是昏昏欲睡。睡眠困扰是你的身体告诉你已经出问题的一种方式。

3. **饮食习惯改变**。压力会影响食欲，有的人在感到焦虑时会吃不下东西，而有些人则会暴饮暴食。进食和饱腹感可以改变你体内的化学反应，并暂时掩盖压力的影响。

4. **局部疼痛、全身持续性疼痛和更加频繁的生病**。持续的压力会削弱免疫系统，引发各种健康问题。常见的一些与压力相关的健康问题包括头痛、胃痛、肌肉酸痛、感冒、月经失调以及感染。

5. **逃避行为**。沉湎于玩电子游戏、听音乐、锻炼、刷社交软件、使用药物、学习和睡眠等可能意味着你陷入了一个逃避压力的恶性循环。

6. 疏远家人和朋友。经常想独处是出现问题的一个重要征兆。在你最需要帮助、感觉最差的时候，也是你最需要身边重要的人的时候。

7. 感到持续的紧张、害怕或者担心。压力会让你感觉始终处于紧张状态——好像随时都可能发生不好的事情。有些人甚至会经历惊恐发作，这是一种突如其来的、强烈的焦虑感，它会毫无征兆地出现，也没有明显的原因。这些感觉会消磨你的意志，消耗大量的精力，甚至连日常的小事也变得难以应对。

8. 经常无缘无故地哭泣。对某些事情感到难过并哭泣是很正常的行为，也是积极处理悲伤情绪的一种方式。但是，如果你发现自己经常感到悲伤、绝望或频繁哭泣，那就是时候寻求帮助了。

9. 酗酒或滥用药物。喝酒、吸烟或滥用药物都是明确的信号，表明一个人需要帮助。这些物质对你的身体有害，会产生很多负面影响，最终让你的感觉更加糟糕。

10. 感觉失去控制。对于很多压力过载的人来说，世界好像转得越来越快，直到他们感觉自己再也无法坚持下去。就好像你失去了能让自己稳定、认清自我和生活中正确事物的力量。这是一种可怕的感觉，而且会引发更多的压力。

11. 感觉抑郁或有自我伤害的行为。当生活中的挑战变得难以承受时，你可能会感到抑郁，做一些有害健康的事，或者有自我伤害的行为。如果你对生活感到绝望或想要以任何方式伤害自己，请立即停下！接下来，鼓起勇气，立即向你信任的人求助。

要记住的事

你很可爱，很有价值，你对很多人来说都非常重要。即使在你感觉最差的时候，这也是永远不变的事实。绝望的想法和自我毁灭的行为是在告诉你，你所面临的事物已经超出了你的能力范围。这表示你需要从那些你信赖的人那里得到帮助、支持和客观的意见。在你努力治愈"老虎"咬的伤口时，请牢记以下几点：

1. 承认你需要帮助是很正常的。承认自己陷入困境往往是最大的挑战之一。承认生活不尽如人意，或者我们做出了一些错误的决定往往是很难的。否认使我们自欺欺人，误以为我们能够处理好这些问题。想要真正改善情况，承认自己需要帮助很关键。这需要真正的勇气和坚强，但这是走向更美好生活的唯一途径。

2. 你信任的人愿意帮助你。当我们遇到困难时，可能会觉得向他人敞开心扉、分享自己的问题是在给他们添麻烦。这样的想法会让人感觉自己越发孤独。你值得并且可以找到自己的盟友。不要因为担心打扰别人而不敢在需要帮助时伸出手。父母、家人、朋友、学校辅导员、老师和其他你信任的人都愿意帮助你。他们能提供一个安全环境，可以包容那个迷茫、困惑、迷失甚至是怪异的你。我们信任的人会无条件地接受我们，并帮我们找到克服困难的方法。如果有人对你的问题不够重视或不能提供帮助，请向另一个人求助。持续寻求帮助，直到有人认真对待你的问题为止。

3. 不要用消极的方式应对。应对机制能帮我们回避因面临困难和挑战而产生的不愉快情绪。但是它们只能暂时解决问题，并未触及导致压力的根源，这可能会让事情变得更糟，而且没办法解决引起压力的根本问题。消极的应对行为（例如，孤立自己或酗酒，或滥用药物）是极具破坏性的。停止这些行为对改善情绪至关重要。即便你身边的人正处于这种破坏性行为中，你仍然可以向你所信任的人寻求帮助。

4. 准备好面对人生的重大挑战。 很多时候，我们都需要面对并处理生活中的悲伤或困难时刻。无论是家庭暴力、酗酒、虐待、亲人或朋友的逝世、遭受欺凌、残障或其他任何困难，正视你的经历非常重要。如果你感觉自己是这些事件的受害者，你可能会感到非常害怕、迷茫、羞愧、悲伤或绝望。一旦你意识到自己需要帮助，就应该及时去寻求帮助和支持，不要等到事情变得不可控制。

重要提示！

你并不孤单！如果你觉得没有人可以倾诉，你可以打电话给其他能够温暖和支持你的人。以下的热线电话是匿名的，绝对保密，提供24小时全天候的支持服务，而且完全免费。

热线号码：

青少年法律与心理咨询热线：12355；

中国心理危机与自杀干预中心救助热线：010-62715275；

北京市心理危机干预中心热线：800-810-1117。

这些热线都能为你提供重要的心理支持资源，且严格保护用户隐私。如果你有需要，记得及时寻求帮助！

写在最后的话
A FINAL WORD

我希望，通过了解有关压力的知识，掌握一些压力管理的技巧，能帮助你变得更加稳重、冷静、自信和快乐，并增强你的心理韧性。我也希望，在面对困难时，你会觉得更容易应对，生活中的"丛林"将不再令人畏惧。我希望你能更多地体验到生活中的乐趣和成就感。同时，也希望你能始终像对待最好的朋友一样，善待自己，关心自己。

最后，我希望你拥有追寻自己梦想的勇气，去追求你真正想要的。你值得拥有最好的一切。好好照顾自己，学会运用本书中的压力管理技巧来应对挑战，我相信你一定能够创造出精彩的人生。

向你送上我最诚挚的祝福。

厄尔·希普

图书在版编目（CIP）数据

战胜看不见的老虎 ：青少年心理减压自助手册 ： 第 4 版 /
（美）厄尔•希普著 ；田媛译. --长沙 ： 湖南科学技术出版社，
2025. 4. -- ISBN 978-7-5710-3412-2

Ⅰ. B842.6-49

中国国家版本馆 CIP 数据核字第 2025HA1135 号

Fighting Invisible Tigers © 2019 Earl Hipp. Original English language edition published by Free
Spirit Publishing, an imprint of Teacher Created Materials, Inc. 5301 Oceanus Drive, Huntington
Beach California 92649, USA. Arranged via Licensor's Agent: DropCap Inc. All rights reserved.

湖南科学技术出版社通过凯琳国际版权代理公司独家获得本书简体中文版出版发行权
著作权合同登记号：18-2024-100

ZHANSHENG KANBUJIAN DE LAOHU QINGSHAONIAN XINLI JIANYA ZIZHU SHOUCE（DI 4 BAN）

战胜看不见的老虎 青少年心理减压自助手册（第 4 版）

著　　者：[美]厄尔•希普
译　　者：田　媛
插　　图：田玉莹
出 版 人：潘晓山
责任编辑：李　柔
出版发行：湖南科学技术出版社
社　　址：长沙市芙蓉中路一段 416 号泊富国际金融中心
网　　址：http://www.hnstp.com
湖南科学技术出版社天猫旗舰店网址：
　　　　　http://hnkjcbs.tmall.com
邮购联系：0731-84375808
印　　刷：长沙市雅高彩印有限公司
　　　　　（印装质量问题请直接与本厂联系）
厂　　址：长沙市开福区中青路 1255 号
邮　　编：410153
版　　次：2025 年 4 月第 1 版
印　　次：2025 年 4 月第 1 次印刷
开　　本：880 mm×1230 mm　1/32
印　　张：4.75
字　　数：114 千字
书　　号：ISBN 978-7-5710-3412-2
定　　价：48.00 元

（版权所有•翻印必究）